KB150606

질병 정복의 꿈,
바이오 *사이언스*

과 학 전 문 기 자 의   최 신   의 료 기 술   트 렌 드

질병 정복의 꿈,
바이오 사이언스

REVISED EDITION

이성규 지음

**DNA를 중심으로 다양한 질병의
근본적인 치료를 가능토록 하는 혁신적인
기술 개발 과정과 앞으로의 가능성에 대하여**

 이 글을 쓰는 2023년 12월 현재 필자는 미국 네바다주립대학 의대
에서 방문 연수를 하는 중이다. 전 세계 바이오 최강국답게 미국의
바이오 연구 열기는 뜨겁고 치열하다. 이런 가운데 TV 뉴스에서 종종
볼 수 있는 바이오 의약품 이야기 중 가장 '핫'한 것이 바로 비만 치
료제 이야기다. 미국에서는 특정 호르몬을 겨냥해 식욕을 억제하는
방식의 비만 치료제가 폭발적인 인기를 끌며 의약품 시장의 지각 변
동을 예고하고 있다.

 의약품뿐만이 아니다. 최근 우리는 새로운 종류의 백신과 만날 기
회가 있기도 했다. 바로 코로나19 때 사용되었던 mRNA 백신이다. 코
로나19는 이제 먼 옛날의 이야기처럼 느껴지기도 한다. 2019년 12
월 인류가 맞이한 코로나19는 전 세계에 잊을 수 없는 상처를 남기고

3년 4개월이 지난 2023년 5월이 되어서야 팬데믹의 지위를 상실했다. 수많은 인명을 앗아간 코로나19는 역설적이게도 인류에게 새로운 기회를 제공하기도 했다. 코로나19 바이러스와의 전쟁에서 승리하기 위해 과학자들은 세계 최초로 mRNA 백신을 상용화했다. 코로나19 mRNA 백신은 역사상 가장 짧은 기간에 개발된 백신으로 백신 개발사의 이정표를 세웠다.

최근에는 알츠하이머성 치매를 유발하는 것으로 알려진 불량 아밀로이드를 겨냥한 항체 치료제가 상용화되면서 치매 치료에도 새로운 기원이 열리는 듯하다. 유전자 치료의 한 축을 이루는 유전자 가위 기술은 2020년 다우드나 교수가 노벨상을 수상한 데 이어 2023년 첫 상용화에 성공했다. 이외에도 수많은 질병을 겨냥한 치료제 개발들이 이어지고 있으며, 곧 이전에는 없던 새로운 약들이 미국 FDA의 허가를 받을 것으로 기대된다.

인류가 태생부터 지속해온 질병과의 전쟁은 여전히 진행 중이지만, 인류는 이전보다 더 막강한 무기를 보유하고 있다. 이번 개정판에서는 지난 5년간 질병과의 치열한 전쟁에서 인류가 얻은 수많은 무기 가운데 일부를 새로 소개한다. 앞으로 과학기술의 발전으로 인류는 더 강력한 무기를 더 짧은 기간에 보유할 것이란 점에는 의심의 여지가 없다. 그에 발맞춰 업그레이드 버전을 지속해서 독자에게 소개할 것을 약속드리며, 개정판 출간을 도와준 MID 출판사에 심심한 감사를 표한다.

1953년 4월 25일, 과학저널 『네이처Nature』에 한 장짜리 짤막한 논문이 실렸다. 이 논문에서 제임스 왓슨James Watson과 프랜시스 크릭Francis Crick은 DNA 구조가 이중 나선double helix이라는 점을 밝혔다. 2개의 사슬이 나선 형태로 결합해 있으며, 특이하게도 이 사슬을 구성하는 물질들은 서로 쌍을 이루며 결합해 있다고 추정한 것이다. 그들은 바로 이 특이적인 쌍의 존재 때문에 한 가닥의 사슬이 있으면 다른 가닥의 사슬은 자동으로 결정된다고 설명했다. 또 이런 특성 때문에 특이적인 쌍은 유전물질의 복제 기작mechanism을 설명해 줄 수 있다고 기술했다.

어렵게 들리는 이 말을 쉽게 풀어보면 이런 뜻이다. 이중 나선으로 되어있는 DNA의 타래가 각각 하나씩의 단일 나선으로 풀리면, 각각의 사슬에 원래 쌍을 이루던 사슬이 만들어진다는 것이다. 결과적으로 원래와 똑같은 DNA가 하나 더 생긴다. 이것이 바로 DNA 복제replication이다. 결국 왓슨과 크릭은 이 논문을 통해 유전정보가 어떻게 한 세대에서 다음 세대로 전달되는지, 그 비밀을 풀어냈음을 발표한 것이다. 인류는 두 사람의 연구를 바탕으로 DNA 복제와 RNA 전사, 단백질 번역, 그리고 유전자 돌연변이 등 DNA에 대한 이해의 폭을 넓혔으며, 이는 곧 질병의 원인을 규명해 내고, 혁신적인 치료 방법을 발견하는 등 현대 의·과학의 새 지평을 여는 데 결정적인 역할을 했다.

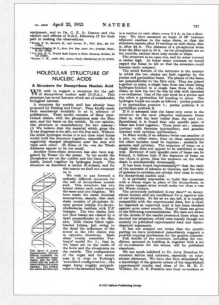

『네이처』논문/ⓒNature

　DNA 이중 나선 구조 규명 이후 유전자gene를 연구하는 학문이 폭발적으로 발전했다. 이로 인해 생물의 구조나 그 진화 과정 등을 다루던 생물학Biology이 유전자나 생명 현상 전반에 걸친 모든 현상을 분자 수준에서부터 연구하는 생명과학Bioscience(바이오 사이언스)으로 확대되었다. 1953년 DNA 구조 규명 이후 약 50여 년은 분자생물학molecular biology과 생명과학의 황금기였다. '모든 길은 로마로 통한다'는 말이 있듯이, 모든 생명과학은 유전자로 귀결됐다.

이후 2001년 미국에서 유전자 연구의 가장 기념비적인 성과라고 할 만한 일이 일어났다. 바로 '인간 유전체 프로젝트Human Genome Project, HGP' 초안이 발표된 것이다. 인간 유전체 프로젝트는 인체에서 왓슨과 크릭이 추정한 특이적인 쌍들이 어떤 순서로 배열됐는지를 규명하는 것을 목표로 한다. 바로 이 배열순서가 유전정보를 암호화하고 있기 때문이다. HGP를 통해 사람들은 인간의 DNA에 담긴 유전정보가 무엇인지 알게 됐다.

HGP로부터 15년이 지난 2016년, 과학자들은 이제 인간의 유전체를 만들어 내겠다는 계획을 발표한다. 사람의 DNA에 담긴 유전정보를 알고 있는 만큼, 그 유전정보 그대로 인공적으로 인간 DNA를 합성하겠다는 것이다. 바로 '인간 유전체 프로젝트 라이트Human Genome Project write, GP-write'이다. 여기서 말하는 Write는 DNA를 합성한다는 의미다.

생명과학 분야에서 DNA만이 주요한 연구 대상은 아니다. 하지만 과거에도 그랬고, 지금도 그렇고, 미래에도 DNA는 바이오 분야에서 독보적인 위치를 차지할 것이다. 모든 생명 현상의 출발점이 바로 DNA이기 때문이다. 따라서 인간이 DNA를 완벽하게 이해하고 이를 통제할 수 있다면, 우리를 위협하는 각종 질병을 완전히 치료한다거나, 동서고금 남녀노소 모두의 꿈이라고 할 수 있는 무병장수를 이룬

다거나, 나와 똑같은 복제인간이 탄생하는 것도 더는 불가능한 일이 아닐 것이다.

이 책에서는 DNA를 중심으로 다양한 질병 치료 방법을 다루고자 한다. 예를 들어 유전병이나 암, 에이즈 등 각종 질병의 근본적인 치료를 가능토록 하는 '유전자 가위 기술' 등 몇 가지 혁신적인 기술에 대해서 알아볼 것이다. 이를 통해 바이오 기술이 현재 어느 수준까지 발전해 있으며, 궁극적으로 바이오 기술이 앞으로 내 삶에 어떤 영향을 미칠 수 있는지에 대한 정보 또는 관점을 제공하고자 한다. 또 이러한 이해를 돕기 위한 간략한 바이오 지식도 함께 소개한다. 'Deep Inside'에서는 본문에서 나온 내용 가운데 구체적으로 다루지는 않았지만, 궁금할 수 있는 내용 내지는 알아두면 흥미로운 내용을 소개했다.

차례

■ 개정판 서문   004

■ Prologue   006

■ 들어가며 - DNA에 관하여   014

I 유전병   genetic disease

1 희귀질환 유전병

• 유전병, 러시아 혁명을 촉발했다?   021

• 고장 난 유전자를 정상으로   027

• 질병 치료의 새 패러다임…유전자 치료제   034

■ Deep Inside 진화의 원동력 유전자 돌연변이   041

■ Deep Inside 왕좌의 게임 예고, 유전자 치료제   046

■ Deep Inside 유전자 가위… 특허 분쟁과 노벨상   049

■ Deep Inside 유전자 변형 생물 GMO   053

2 미토콘드리아 유전병

• 아픈 게, 엄마 때문이라고요?   059

• 세 부모 아기   064

• 원하는 대로 디자인…맞춤 아기   067

■ Deep Inside 유전자 분석 '인간 유전체 프로젝트' 071

■ Deep Inside 유전자 합성…GP-Write   076

■ Deep Inside 유전자 디자인…인공 생명체   080

II 퇴행성 뇌질환 degenerative brain disease

3 치매
- 머릿속 지우개 치매…원인은?   088
- 알츠하이머성 치매…치료 전략은?   096
- 죽다 살아난 아밀로이드 가설   101
- 사라진 기억…되살릴 수 있나?   104

4 파킨슨병
- 알리를 무릎 꿇린 파킨슨병…원인은?   109
- 유도만능 줄기세포를 통한 파킨슨병 치료의 가능성   114
- 도파민 신경세포를 깨워라!   117
- ■ Deep Inside 장내 미생물   122

III 암 cancer

5 흑색종
- 91세 지미 카터 암 완치 선언…비결은?   128
- 면역 브레이크를 풀어라!   133
- 기적의 면역항암제…그 한계를 넘어   141

6 백혈병
- 혈액세포에 암이 생기다…백혈병   145
- 유전공학으로 탄생한 슈퍼 T-세포 'CAR-T'   147
- Next CAR-T   152

7 뇌종양

- 뇌종양 원흉 '암 줄기세포'   156
- 소두증 유발 '지카 바이러스'로 뇌종양 치료한다!   161
- 항원 제시세포로 면역 반응 유발!   165
- ■ Deep Inside 암을 억제하는 이로운 유전자도 있다   168
- ■ Deep Inside 오가노이드   171
- ■ Deep Inside 류머티즘관절염…항체 치료제   174

IV 당뇨, 비만, 노화   diabetes, obesity, aging

8 당뇨병

- 당뇨병의 핵심, 인슐린   179
- 인간 췌도 이식 대체, 돼지에서 찾다   184

9 비만

- 내가 비만이면, 내 아들도 비만이다?   192
- 지방을 태우는 지방이 있다?   198
- 장내 미생물…뚱보 균을 없애라!   202
- ■ Deep Inside 세계 최초의 장내 미생물 치료제   206
- ■ Deep Inside 살을 빼는 약이 있다면?   208

10 노화

- 세포 노화 척도…'텔로미어'   210
- 텔로미어 역설…노화 억제하면, 암에 걸린다?   214
- 불로장생의 꿈 수명 연장 '약'…그 정체는?   217
- ■ Deep Inside 유전자 꼬리표…후성유전학   223

V 감염병

infectious disease

11 에이즈

- 에이즈 바이러스…중심 원리를 깨다   232
- 세 가지 약물을 한 번에 '칵테일 치료'   236
- 칵테일 요법을 넘어…쇼크 앤 킬 전략   238

12 말라리아

- 세상에서 가장 무서운 동물…말라리아 모기   242
- 모기로 모기를 잡는다!   244
- 유전자 드라이브 한계…백신 개발 가능성은?   248

13 독감

- 변신의 귀재 독감 바이러스   252
- 독감 치료제…알고 보니 원료는 향신료?   256
- 새 독감 치료제 & 범용 독감 백신   259

14. 감염병 X

- 전대미문의 감염병과 그 이후   265
- mRNA 백신의 등장   266
- 안전한 재조합 단백질 백신은 왜 늦게 상용화되었나   268

- ■ Epilogue   271
- ■ Reference   272

DNA에 관하여

바이오 분야 논문이나 뉴스를 보면 DNA, RNA, 단백질protein, 유전자gene, 유전체genome와 같은 말들이 나온다. 이들은 바이오를 이해하는 데에 필수적이고도 기초적인 용어지만, 자칫 그 개념을 혼동하기 쉽다. 앞으로 생명과학, 즉 바이오 사이언스에 대한 내용을 다룰 때 가장 핵심이 되는 단어들이니만큼, 본격적으로 이야기를 시작하기 전에 이 개념들에 대해 한번 짚어보도록 하자.

유전체는 한 생명체가 가진 유전자의 총합으로, DNA와 같은 의미로 쓰인다. DNA는 30억 개의 뉴클레오타이드nucleotide로 구성되어 있다. 뉴클레오타이드는 DNA를 이루는 기본 물질로, 각각의 뉴클레

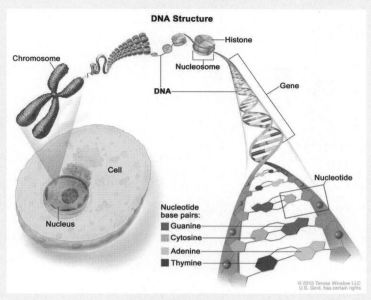

Cell to DNA / ©NCI

오타이드는 4종류의 DNA 염기 가운데 한 개를 가진다.

DNA 염기는 아데닌adenine, 티민thymine, 구아닌guanine, 사이토신cytosine으로 구성되는데, 왓슨과 크릭이 추정한 '특이적인 쌍'들은 바로 이 염기들의 쌍을 의미하며, 아데닌(A)은 티민(T)과, 구아닌(G)은 사이토신(C)과 상보적으로 결합한다. 이 염기들의 배열을 DNA 염기서열이라고 부른다.

DNA 염기는 염기 3개를 한 묶음으로 유전정보를 담고 있다. 여기서 말하는 유전정보는 단백질을 구성하는 20개의 아미노산에 대한 정보로, DNA 염기 3개는 1개의 특정 아미노산amino acid을 암호화

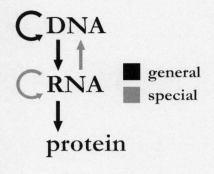

general
special

한다. 생명체는 DNA에 담긴 염기 서열 정보를 바탕으로 아미노산을 합성하고, 이들 아미노산을 결합해 단백질을 만들어 낸다.

이처럼 생명체의 유전정보는 DNA에서 시작해 단백질로 귀결되는데, 그 사이에 RNA를 거친다. 이 같은 유전정보의 흐름을 '중심 원리Central Dogma'라고 부른다. 우리 세포에서 실질적으로 어떤 일을 하는 일꾼은 단백질이다. 이 단백질을 만들기 위한 일종의 설계도가 DNA이다.

RNA는 DNA와 단백질 사이에서 징검다리 역할을 한다. DNA에서 DNA가 만들어지는 것을 복제replication라고 한다. DNA에서 RNA가 만들어지는 것을 전사transcription라고 한다. RNA에서 단백질이 만들어지는 것을 번역translation이라고 부른다.

전사와 번역을 통틀어 유전자 발현gene expression이라고 말한다. 통상적으로 유전자가 발현됐다고 하면, 단백질이 만들어졌다는 것을 뜻한다. 우리 몸의 모든 유전자는 자신이 암호화하고 있는 단백질과 1:1로 매칭된다. 그래서 특정 유전자와 단백질은 이름이 같다.

그렇다면 유전자에 돌연변이가 생겼다는 말은 무슨 의미일까? 이 말은 일반적인 유전자의 염기서열에 변화가 생겼다는 것을 뜻한다. 쉽게 말해 유전자의 DNA 염기 가운데 일부가 다른 염기로 바뀐 경우를 유전자 돌연변이라고 부른다. 생명체의 DNA 염기가 1개만 바뀌어도 우리 몸에 심각한 문제를 일으킬 수 있다. 그러면 도대체 유전자의 돌연변이는 왜 우리 몸에 악영향을 끼치는 걸까?

유전자에 돌연변이가 발생하면, 우리 몸은 정상적인 기능을 수행하는 단백질을 만들지 못한다. 단백질을 만드는 설계도인 DNA가 바뀌었기 때문이다. 그래서 잘못된 설계도로 만들어진 돌연변이 단백질은 원래 단백질과는 전혀 다른 기능을 수행한다.

할리우드 유명 배우 안젤리나 졸리는 유방암 발병 위험 때문에 예방적 차원에서 유방 절제술을 단행했다. 그녀가 유방을 절제했던 결정적인 이유는 자신이 BRCA 유전자 돌연변이를 가졌다는 사실을 알았기 때문이다. 원래 BRCA 유전자는 우리 몸에서 암 발생을 억제하는 기능을 수행한다. 그런데 이 유전자에 돌연변이가 생기면 암을 억제하는 고유의 기능을 상실하고, 오히려 암 발병 위험을 높이는 나쁜 영향을 미친다.

BRCA 유전자 돌연변이 등을 비롯해, DNA에서 돌연변이가 나타나면 본문에서 소개할 다양한 질병들이 나타나게 된다. 이런 이유로 유전자, 그리고 유전자 돌연변이는 질병을 치료하는 기술이 시작되는 지점이 된다.

지금까지 다룬 내용을 처음 접하는 이들에게 중심 원리니 단백질이니 아미노산이니 하는 이야기들은 무척 생경하고 어렵게 느껴질 수 있다. 그러나 너무 걱정할 것 없다. 본문에서 이런 정보들이 다시 등장할 때마다 간략하게나마 다시 설명할 것이기 때문이다. 이 내용은 맛보기로, 혹은 다른 개념과 이어지는 지도로 참고하면 좋을 것이다.

이제 유전자가 어떻게 특정 질병과 연관이 있고, 또 어떻게 질병을 치료하는 데 핵심 역할을 하는지 알아보는 흥미로운 여행을 떠나보자.

I

유전병

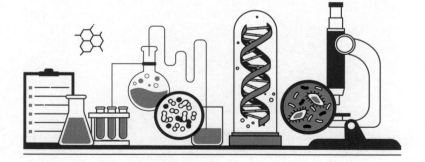

2000년대 초반, 인간 유전체 프로젝트를 통해 밝혀진 인간의 유전자 수는 대략 2만여 개이다. 유전 질환은 이들 유전자에 돌연변이가 일어났을 때 발생한다.

유전자 돌연변이가 생기는 원인은 크게 두 가지로 볼 수 있는데, 첫 번째 원인은 인체 내에서 DNA가 복제될 때 자연적으로 실수가 발생하는 경우다. 우리 몸에는 이런 DNA 복제 실수를 복구하는 장치가 있어, 대개의 경우엔 이를 정상적으로 만회한다. 하지만 이러한 실수를 정상으로 복구하지 못하는 경우, 자연적으로 유전자 돌연변이가 발생하게 된다.

두 번째 원인은 인체에 해로운 영향을 끼치는 여러 화학물질과 환경적 요인으로 인해 유전자에 돌연변이가 생기는 경우다. 흡연이 이와 같은 유전자 돌연변이를 일으키는 대표적인 환경 요인으로 꼽힌다. 유전병 편에서는 혈우병과 헌팅턴병 등 몇 가지 유전 질환을 살펴보고, 유전자를 이용해 이들 질병을 치료하는 최신 바이오 기술에 대해 알아볼 것이다.

1. 희귀질환 유전병

유전병, 러시아 혁명을 촉발했다?

19세기 러시아 제국의 황후 알렉산드라의 걱정은 이만저만이 아니다. 하나뿐인 아들이자 황태자인 알렉세이가 기어코 말을 타러 나갔기 때문이다. 그렇게 말을 타지 말라고 일렀지만, 어려서부터 응석받이로 자란 황태자는 황후의 말을 끝끝내 듣지 않았다. 알렉세이가 왕궁의 정원을 달리는 동안, 황후의 애간장은 점점 타들어 갔다. 그의 걱정은 알렉세이가 말을 잘 타느냐, 못 타느냐에 대한 문제가 아니었다. 황후가 걱정하는 것은 오직 단 하나, 행여 알렉세이가 말에서 떨어져 피가 나느냐, 마느냐에 있었다.

그도 그럴 것이 무슨 이유인지는 잘 모르겠지만, 알렉세이는 피가나면 잘 멈추질 않았다. 다행히도 지난번에 알렉세이에게 상처가 나

알렉세이 로마노프 / © wikimedia commons

피가 조금 났을 때는 수도사 '라스푸틴Grigori Rasputin' 덕분에 피를 멈추게 할 수 있었다. 사실 그가 어떤 방법으로 피를 멎게 했는지는 황후 자신도 모른다. 다만 그 일 뒤부터 왠지 모르게 황후는 라스푸틴이 황태자의 알 수 없는 병을 고칠 것이란 막연한 기대를 했다.

그래서일까? 황후는 라스푸틴의 말이라면 무슨 말이든 전적으로 신뢰했으며 사실상 라스푸틴에게 전권을 위임하다시피 했다. 이러한 믿음은 처음에는 황태자의 치료에 국한됐지만, 언제부터인가 라스푸틴은 국정 전반에 관여하는 황제의 대리인 역할을 하게 되었다.

라스푸틴은 황후를 등에 업고 온갖 만행을 저지르며 국정을 파탄으로 몰고 갔다. 급기야 이에 분노한 러시아 민중들이 봉기를 일으키는데, 이것이 바로 1917년 세계사의 한 페이지를 장식한 러시아 혁명이다.

황태자 알렉세이가 앓던 병은 바로 혈우병hemophilia이었다. 일반인에게는 낯선 혈우병이 러시아 혁명 발생의 주요 원인으로 작용했다니, 질병이 역사를 뒤바꾼 나비효과라고 해야 할까. 만약 제정 러시아 말기에 혈우병 치료제가 있었다면 인류의 역사는 또 어떤 방향으로 흘러갔을까?

혈우병은 유전병genetic disease의 일종이다. 유전 질환은 질병을 일으키는 유전자를 부모로부터 물려받아 발생하는 질병이다. 황태자 알렉세이 역시 혈우병을 일으키는 유전자를 부모로부터 물려받았다. 좀 더 정확하게 말하면 알렉세이의 외증조할머니인 영국의 빅토리아 여왕으로부터 외할머니인 영국 왕녀 앨리스에게로, 그리고 어머니인 알렉산드라에게로 이어진 유전자가 알렉세이에게까지 이어진 것이다. 여기서 한 가지 짚고 넘어가야 할 점은 신기하게도 외증조할머니인 영국의 빅토리아 여왕도, 알렉세이의 부모인 러시아 황제 니콜라이 2세나 황후 알렉산드라도 혈우병에 걸리지 않았다는 점이다.

그렇다면 알렉세이만 억세게 운이 나빠서 혈우병이 발병한 것일까? 이 지점에서 혈우병 유전자의 정체profile가 드러난다. 우리 몸에는 피가 나면 피를 멈추게 하는 역할을 하는 '응고인자'라는 단백질이 존재한다. 보통 사람은 응고인자가 정상적으로 만들어지도록 하는 응고인자 유전자를 가진다. 이 응고인자 유전자는 인간의 성(性)을 결정하는 성염색체인 X 염색체와 Y 염색체 중 X 염색체 상에 존재한다. 혈우병 환자는 이 X 염색체 상에 존재하는 응고인자 유전자에 돌연변이가 생긴 경우다.

성염색체의 경우 남성은 XY, 즉 X와 Y 염색체를 각각 하나씩 가지며, 여성의 경우엔 XX, 즉 X 염색체만 2개를 가진다. 그렇다면 먼저 빅토리아 여왕의 경우를 생각해 보자. 빅토리아 여왕은 혈우병 유전자를 가지고 있기 때문에, 2개의 X 염색체 중 하나에는 반드시 혈우병 유전자가 존재한다. 반면 나머지 X 염색체에는 응고인자 유전자가 존재한다. 이럴 경우 응고인자 유전자가 작동하기 때문에 혈우병 유전자를 갖고는 있지만, 실제로 혈우병이 발병하지는 않는다. 반면 알렉세이와 같은 남성의 경우엔 사정이 다르다. 남성은 X 염색체를 하나만 가지고 있기 때문에 혈우병 유전자가 존재한다면, 100% 혈우병이 발생하게 된다.

혈우병과 달리 대다수의 유전병은 성염색체보다는 상염색체에 있는 유전자에 돌연변이가 일어나 발병한다. 인간의 염색체는 모두 23쌍, 총 46개로 이뤄져 있다. 이 가운데 22쌍이 상염색체이고 1쌍만이 성염색체이다. 그렇기 때문에 확률적으로 22쌍이 존재하는 상염색체가 1쌍만이 존재하는 성염색체보다 유전자 돌연변이가 더 많이 일어나고, 이로 인해 유전병이 일어날 확률도 그만큼 더 큰 것이다.

상염색체에 존재하는 유전자의 이상으로 발생하는 유전병의 사례를 몇 가지 알아보자. 먼저 겸상 적혈구 빈혈증sickle cell anemia이라는 유전병이 있다. 이 병은 11번 상염색체에 있는 유전자에 돌연변이가 생기면 발생한다. 이 돌연변이는 적혈구 내에서 산소를 운반하는 헤모글로빈hemoglobin이라는 단백질 유전자에 돌연변이를 만드는데, 이 돌연변이는 원래 둥그런 모양의 헤모글로빈을 막대 모양으로 바꿔 적혈구가 낫과 같은 형태가 된다. 그런데 이처럼 적혈구가 낫 모양이 되면 정상 적혈구와 달리 유연성이 떨어져 혈관 내에서 잘 이동하지 못하고 혈관이 갈라지는 지점에 들러붙게 된다. 이로 인해 혈관 폐쇄와 빈혈 등을 일으킨다.

한 가지 더 예를 들면 헌팅턴병Huntington's disease이라는 유전병이 있다. 헌팅턴병은 4번 염색체에 있는 헌팅턴이라는 유전자에 돌연변이가 일어나 발생한다. 헌팅턴병은 일명 무도병이라고도 부르는데, 마치 춤을 추듯이 몸이 흐느적거리기 때문이다. 1872년 미국 내과 의사 조지 헌팅턴George Huntington이 이 병의 증상을 처음으로 자세히 기술한 이후, 그의 이름을 따 헌팅턴병이라고 부르기 시작했다.

헌팅턴병은 앞서 설명한 혈우병이나 겸상 적혈구 빈혈증과는 다른 중요한 차이점이 있는데, 이 병을 일으키는 헌팅턴 유전자 돌연변이가 우성 유전이라는 점이다. 우성 유전이라는 뜻은 부모 가운데 어느 한쪽으로부터라도 헌팅턴 유전자 돌연변이를 물려받으면 무조건 발병한다는 뜻이다. 혈우병의 경우엔 혈우병 돌연변이 유전자를 부모로부터 모두 물려받아야 병이 발생하는데, 이런 유전자를 열성 유전이라고 부른다.

따라서 유전병은 크게 4가지 유형으로 나눌 수 있다. 상염색체 우성autosomal dominant, 상염색체 열성autosomal recessive, 성염색체 우성X-linked dominant, 성염색체 열성X-linked recessive이다(성염색체 유전병은 주로 X 염색체에서 발생하기 때문에 편의상 'X-linked'라고 표현한다).

앞서 설명한 헌팅턴병과 가족성 고콜레스테롤혈증familial hyper-

cholesterolemia, 신경섬유를 만드는 유전자에 이상이 생겨 신경계에
문제가 발생하는 신경섬유종 1형neurofibromatosis type I 등은 대표적
인 상염색체 우성 유전병이다. 신체 내 지방이 축적돼 문제를 일으키
는 지질 단백질 지질분해효소 결핍증lysosomal acid lipase deficiency이
나 겸상 적혈구 빈혈증, 갈색을 띠는 멜라닌 색소가 만들어지지 않아
피부와 모발 등이 하얗게 보이는 백색증albinism, 나이가 들면서 근육
이 점차 약해져 40세 정도가 되면 일상생활이 힘들어지는 근무력증
muscular dystrophy 등은 상염색체 열성 유전병에 속한다. 반면 퇴행성
신경질환인 '레트 증후군Rett syndrome'은 성염색체 우성에 속하는 유
전병이며, 혈우병은 성염색체 열성에 해당하는 유전병이다.

지금까지 기술한 유전병은 모두 세포핵에 존재하는 유전자에 돌연
변이가 일어나 발생하는 질환이다. 그런데 인체 세포 내에서 유전자
를 보관하는 핵 이외에, 세포 내 에너지 공장인 미토콘드리아라는 소
기관에도 소량의 유전자가 존재한다. 미토콘드리아 유전자 돌연변이
로 인한 유전병에 대해서는 2장에서 따로 자세히 살펴볼 것이다.

앞서 설명했지만, 유전병은 유전자에 돌연변이가 생겨 일어나는 질
환으로 후손에까지 돌연변이 유전자가 전달된다. 돌연변이 유전자를
부모로부터 물려받을 수도 있고, 또 살아가면서 특정 유전자에 돌연
변이가 발생해 병에 걸릴 수도 있다. 물론 특정 질환을 일으키는 돌
연변이 유전자를 가지고 있다고 해서 반드시 그 병이 발생하는 것은
아니다. 다만 정상인보다 그 질환에 걸릴 확률이 더 높다.

부모를 선택할 수 없듯 유전병 역시 속수무책으로 당할 수밖에 없는 질병이라는 인식이 최근까지도 강했다. 유전병을 일으키는 요인이 유전자에 있음에도 아직 인류가 유전자를 정교하게 다루는 방법을 개발하지 못했기 때문이다. 또 유전병은 보통 수천 명에서 수백만 명당 1명꼴로 발생하는 매우 드문 질환으로, 이를 치료할 수 있는 치료제가 딱히 없는 경우가 대부분인 경우가 많다. 그런데 최근 유전병과 관련하여 매우 흥미로운 일들이 벌어지고 있다. 불과 수십 년 사이 인간이 유전자를 자유자재로 다루게 될 정도로 과학기술이 발전했기 때문이다.

고장 난 유전자를 정상으로

유전자를 교정한다는 것, 즉 DNA 염기서열을 조작한다는 것은 얼마 전까지만 해도 사실상 불가능했다. 30억 개로 이뤄진 인간의 DNA 염기 가운데 특정 염기 하나하나를 조작한다는 것이 기술적으로 한계가 있었기 때문이다. 하지만 최근 바이오 분야의 기술이 획기적으로 발전하면서 이전에는 불가능하다고 생각됐던 유전자 교정이 가능하게 되었다.

이와 관련한 몇 가지 중요한 기술이 있는데, 첫 번째 방법은 결함이 있는 유전자를 잘라내고 그 자리에 정상 유전자를 넣어주는 일명 '유전자 교정gene editing' 기술이다. 이 기술은 유전자를 잘라내 교정한다는 점에서 '유전자 가위genetic scissors'라고도 부른다.

국내 연구진은 '역분화 줄기세포induced Pluripotent Stem cell, iPS cell' 를 이용해 혈우병 유전자를 교정하는 연구를 진행하고 있다. 역분화 줄기세포에 대해서는 뒤에서 조금 더 자세히 다룰 테지만, 대략적으로 이 연구의 내용은 이렇다. 우선 환자의 몸에서 피부세포를 채취한 뒤 이 피부세포를 줄기세포로 전환한다. 이렇게 만들어 낸 줄기세포를 역분화 줄기세포 또는 '유도만능 줄기세포'라고 부른다. 이렇게 만들어진 역분화 줄기세포에서 혈우병 유전자를 유전자 가위를 이용해 정상으로 교정한다. 이렇게 고장 난 유전자를 정상으로 교정한 역분화 줄기세포를 다시 혈액세포로 분화시킨다. 그러면 이 혈액세포의 돌연변이 유전자가 정상으로 교정되어, 정상적인 응고인자를 만들어 내는 것이다.

유전자 가위를 활용해 유전병을 치료하는 또 다른 흥미로운 방법은 '프로모터promotor'를 활용하는 전략이다. 미국의 유전자 가위 전문 업체 상가모Sangamo는 간세포에서 응고인자를 만드는 방법을 고안했다. 간에는 '알부민albumin'이라는 단백질이 다량으로 존재하는데, 알부민 유전자가 간세포에서 단백질로 발현이 잘 일어나기 때문이다. 모든 유전자에는 단백질을 암호화하는 부위가 있고, 단백질이 만들어지는 정도, 즉 유전자 발현을 조절하는 부위가 있다. 유전자 발현을 조절하는 부위를 '프로모터'라고 부르는데, 명칭에서 알 수 있듯이 단백질이 잘 만들어지도록 '프로모션' 한다는 뜻이다.

상가모의 전략은 알부민 유전자 프로모터 바로 뒤에 알부민 유전자를 제거하고, 대신 그 자리에 정상 응고인자 유전자를 끼워 넣는 것이다. 이렇게 되면 간세포에서는 알부민 단백질이 아닌 응고인자 단백질이 다량으로 만들어진다. 혹시 이런 걱정을 제기할 수도 있다. '간세포에서 알부민 유전자를 제거하면 알부민이 우리 몸에서 만들어지지 않아 몸에 해로운 영향을 끼치는 것은 아닐까?' 하는 우려다. 그러나 간세포에서 알부민 단백질이 만들어지지 않더라도 우리 몸의 다른 세포에서 알부민 단백질이 만들어지기 때문에 이런 것은 전혀 문제가 되지 않는다.

방법은 다르지만, 국내 연구진이나 상가모의 목표는 똑같다. 모두 인체 내에서 응고인자를 생산하는 세포를 유전자 가위를 이용해서 만들어 내는 것이다. 이렇게 되면 혈우병 환자는 몸속에서 자체적으로 응고인자가 만들어지기 때문에 별도의 응고인자를 투여 받지 않아도 된다. 또 병의 원인이 되는 유전자를 사실상 근본적으로 고친 것이기 때문에 완치로 볼 수도 있다. 한 번 교정된 유전자는 평생 우리 몸에 존재하기 때문에 치료 효과도 영구적이다. 혈우병을 한 예로 들었지만, 사실상 이 방법은 다른 유전병에도 같은 방식으로 적용될 수 있다. 이것이 유전자 가위 치료를 '꿈의 치료'라 부르는 이유다.

고장 난 유전자를 정상으로 만드는 두 번째 방법은 특정 유전자의 기능을 강화해주는 기술이다. A라는 유전자에 돌연변이가 발생해 제 기능을 수행하지 못할 경우, 정상 A 유전자를 인체에 직접 전달하여 망가진 A 유전자의 기능을 보강하는 방식이다. 이 기술을 '유전자 치료gene therapy'라고 부르고, 이런 방식의 의약품을 '유전자 치료제'라고 한다. 유전자를 우리 몸 안에 주입한다는 것은 유전자를 세포 속으로 전달한다는 뜻이다. 좀 더 정확히 말하면 세포 내에서 유전자를 보관하고 있는 핵cell nucleus 속으로 치료용 유전자를 전달하는 것을 말한다. 그런데 단순히 유전자 자체만으로는 유전자가 핵까지 전달되지 못한다. 그래서 유전자 치료의 핵심은 유전자를 안전하게 세포의 핵까지 전달하는 것에 달려 있다.

유전자 치료에는 여러 방법이 있지만, 과학자들이 주목한 것은 바이러스를 활용하는 방법이었다. 바이러스의 특징을 한 번 생각해보자. 바이러스는 스스로 인체 세포에 침입해서 자신의 DNA를 세포핵 속으로 넣는 능력이 탁월하다. 이런 특징을 이용해 바이러스를 일종의 운반책으로 사용하는 것인데, 이처럼 특정 유전자를 핵까지 운반하는 역할을 하는 바이러스를 바이러스 벡터vector라고 부른다.

바이러스를 벡터로 이용하기 위해서는 2가지가 필수적으로 요구된다. 첫째는 바이러스가 인체에 해를 끼치지 않도록 병원성을 없애는 것이다. 이는 바이러스 유전자 조작을 통해 가능하다. 둘째는 우리가 목표로 하는 유전자를 바이러스 유전자 뒤에 붙이는 것이다. 이또한 유전자 조작을 통해 가능하다. 이렇게 유전자 조작을 한 바이러스를 인체에 주입하면, 이 바이러스가 인간 세포에 침입한 뒤 목표유전자를 핵 속으로 밀어 넣는다. 그러면 핵 안에 전달된 유전자는 정상적으로 발현돼 정상적인 단백질이 만들어지는 원리다.

세계 최초의 유전자 치료제는 2003년에 중국에서 처음으로 시판됐다. 젠디신Gendicine이라는 이 약은 돌연변이 p53 유전자를 대신할 정상 유전자를 전달하는 약이다. p53 유전자는 암 억제 유전자tumor suppressor gene로 우리 몸의 암 발생을 억제하는 기능을 수행하는데, 이런 암 억제 유전자에 돌연변이가 생기면 반대로 암을 유발하는 유전자로 돌변한다.

한편 유럽에서도 2012년 글리베라glybera라는 유전자 치료제가 최초로 승인되었다. 글리베라는 지질단백질 지질분해효소 결핍증이라는 질환을 치료하는 의약품이다. 이 유전병은 우리 몸에서 지질단백질을 분해하는 효소가 제대로 작동하지 않아 체내 지방이 과도하게 축적돼 문제를 일으키는 질병으로, 환자의 혈액을 뽑으면 크림처럼 뿌옇게 보인다. 글리베라의 경우 한 번 치료하는 데 약 12억 원에 달하는 비용이 드는데, 유전자 치료의 고비용 문제를 보여주는 하나의 예시라고 볼 수도 있다.

미국은 2017년에 처음으로 미국 내 유전자 치료제를 승인했다. 필라델피아 소재의 바이오 업체가 개발한 치료제로, 'RPE65' 유전자 돌연변이로 인한 망막질환을 치료한다. RPE65 유전자 돌연변이는 제대로 치료받지 못할 경우 실명으로 이어진다. 뒤의 3파트에서 조금 더 자세히 다룰 테지만, 광의의 유전자 치료제를 정의할 경우 미국에서는 2015년 암세포 살상 바이러스 '임리직imlygic'이 최초의 유전자 치료제로 승인받았다.

고장 난 유전자를 정상으로 만드는 마지막 방법은 두 번째와는 반대로 특정 유전자의 기능을 억제하는 기술이다. 예를 들어 B라는 유전자에 돌연변이가 일어나 특정 질환을 일으킨다면, 돌연변이 B 유전자가 인체 내에서 아무런 기능도 하지 못하도록 억제하는 방법이다. RNA가 제 역할을 하지 못하도록 한다는 점에서 이를 'RNA 간섭RNA interference', 줄여서 'RNAi 기술'이라고 부른다. 유전자 기능을 억제한다는 점에서 '유전자 침묵gene silencing'이라고도 부른다.

이 방법을 설명하기에 앞서, '들어가며'에서 살펴보았던 중심 원리를 다시 한번 상기해보자. 우리 몸의 유전물질 흐름은 DNA에서 시작해 RNA를 거쳐 단백질로 이어진다. DNA는 단백질을 만드는 일종의 설계도이고, 단백질은 세포 내에서 특정 기능을 실질적으로 이행하는 일종의 일꾼이다. RNA는 DNA를 바탕으로 단백질을 만드는 과정의 중간 단계로 이해하면 된다.

단백질을 설계하는 청사진은 DNA에 담겨있지만, 실제 단백질을 합성하는 세부 정보는 RNA에 담겨있다. 이렇게 단백질 합성에 구체적으로 활용되는 RNA를 '메신저 RNAmessenger RNA', 줄여서 mRNA라고 부른다. mRNA는 모든 정보가 담긴 DNA에서 특정 단백질을 만드는 데 필요한 정보만을 뽑아낸다. 결국 모든 mRNA의 유전정보를 다 합치면 DNA에 담긴 유전정보와 같게 된다. 거꾸로 이야기하면 mRNA는 DNA에 담긴 유전정보를 단백질 별로 쪼갠 것이라 볼 수 있다.

과학자들은 바로 이 mRNA를 표적으로, 병을 일으키는 유전자의 mRNA가 제 기능을 하지 못하도록 억제하는 방법을 연구했다. 원리는 이렇다. 우리가 표적으로 하는 mRNA와 결합하는 물질을 만들어 이를 인체에 주입한다. 앞서 DNA는 특이적인 염기들이 상보적으로 결합한다고 설명했는데, RNA도 염기들이 상보적으로 결합한다. 표적 mRNA의 염기서열과 상보적인 염기서열을 가진 RNA 분자를 인공적으로 만드는 것이다. 그러면 이 물질이 표적 mRNA에 달라붙어, 이 mRNA가 제 기능을 하는 것을 억제한다. 결과적으로 표적 mRNA, 즉 질병을 일으키는 mRNA가 단백질로 발현되지 않도록 하여 병의 악화를 억제하는 원리다.

1998년에 RNA 간섭 원리를 처음으로 규명한 것은 미국의 과학자 크레이그 멜로Craig Mello와 앤드류 파이어Andrew Fire였다. 두 사람은 이에 대한 공로로 2006년 노벨 생리의학상을 수상했다. 크레이그 멜로와 앤드류 파이어가 RNA 간섭을 발견한 지 20년이 지난 2018년, 미국 FDA는 세계 최초로 RNA 간섭을 활용한 의약품 온파트로Onpattro를 승인하게 된다.

이 약은 약칭 '아밀로이드병'이라고 불리는 '트랜스티레틴 아밀로이드병transthyretin-mediated amyloidosis', 유전병을 치료하는 약이다. 전 세계적으로 5만 명 정도가 앓고 있는 질환이며, 말초 신경병증을 일으킨다. 트렌스티레틴은 '*transports thyroxine and retinol*'의 줄임말로, 호르몬의 일종인 티록신thyroxine, 그리고 레티놀retinol

과 결합하는 단백질을 인체 내에서 운반하는 역할을 한다. 이 약은 우리 몸이 비정상적인 트렌스티레틴을 만들어 내지 못하게 하는 것을 목표로 한다. 트렌스티레틴 mRNA와 결합하는 물질을 만들어 이 mRNA가 단백질로 발현하지 못하도록 하는 것이다.

질병 치료의 새 패러다임…유전자 치료제

우리나라 생명윤리법에서 정의한 유전자 치료는 '질병의 예방 또는 치료를 목적으로 인체 내에서 유전적 변이를 일으키거나 유전물질 또는 유전물질이 도입된 세포를 인체로 전달하는 일련의 행위'를 말한다. 글리베라는 유전자를 세포핵에 직접 전달한다는 점에서, 유전자 가위를 이용하는 유전자 교정 치료법은 가위 역할을 하는 유전자와 가이드 역할을 하는 RNA를 인체 내에 전달한다는 점에서 유전자 치료에 속한다. RNA 간섭 치료제 역시 RNA를 인체 전달한다는 점에서 유전자 치료에 속한다. 여기에 뒤에서 다룰 CAR-T나 암세포 살상 바이러스oncolytic virus도 바이러스 유전자에 특정 유전자를 붙여 인체로 전달하는 방법으로 유전자 치료에 속한다.

미국과 유럽 등에서는 이런 방식(유전자 치료)으로 만들어진 치료제를 모두 유전자 치료제라고 부른다. 얼핏 유전자 치료제라고 하면 글리베라와 같은 방식의 치료제만 떠올리기 쉽지만, 과학기술의 발전으로 유전자 교정 기술과 CAR-T, RNA 간섭 기술 등이 개발되면서 유전자 치료제의 범위가 넓어진 것이다. 이 책에서는 이런 방식의 치료제를 넓은 의미에서 '유전자 치료제'로 통칭하자. 유전자 치료제는 인체 내부에 유전자를 도입한다는 점에서 이전의 치료 방식과는 다른 새로운 치료 패러다임으로의 전환을 예고하고 있다.

의약품 개발의 역사를 잠깐 살펴보면 처음 시작은 케미컬chemical 이라고 불리는 합성화학물질에서 시작됐다. 아스피린처럼 인공적으로 화학물질을 합성해 약으로 쓰는 방법이다. 이런 방식의 의약품을 합성의약품이라고 부른다. 이후 등장한 것이 항체와 같은 단백질을 활용한 바이오의약품이다. 현재 전 세계에서 가장 많이 팔리는 의약품 상위 10개 중 7~8개는 바이오의약품이다. 그만큼 현재 의약품 시장의 대세는 바이오의약품이다.

이 바이오의약품의 뒤를 이을 차세대 의약품으로 주목받고 있는 것이 바로 유전자 치료제이다. 유전자 치료제는 이전의 의약품과 비교했을 때 몇 가지 장점이 있다. 합성의약품이나 항체 등을 활용한 바이오의약품은 대부분 병을 일으키는 단백질을 표적으로 한다. 그러나 병을 일으키는 단백질을 공략해도 그 원인이 되는 유전자 자체가 고쳐지는 것은 아니기에 이 방법은 근본적인 치료법이 될 수 없다. 그러나 유전자 치료제는 병의 원인이 되는 유전자 자체를 고친다는 점에서 의미가 있다.

또 다른 장점은 효과가 거의 반영구적이라는 점이다. 이론적으로 한 번 우리 몸에 주입된 치료용 유전자는 없어지지 않는다. 이 말은 한 번의 치료로 그 효과를 평생 유지할 수 있다는 이야기이다. 물론 현재의 기술로 유전자 치료제의 효과를 평생 유지할 수 있는지에 대해선 아직 논란의 여지가 있으나, 이 점이 검증되어 유전자 치료제가 상용화된다면 치료제 역사에 있어 하나의 큰 획으로 자리하게 될 것이다.

그러나 치료 효과가 평생 지속된다는 점이나 새로운 유전자를 인체 내에 주입한다는 점이 유전자 치료제 비용을 고비용으로 만드는 원인이 되기도 했다. 앞서 잠깐 언급했지만 글리베라의 경우 제품이 승인된 후 단 1차례만 치료에 사용됐다. 이유는 크게 2가지인데, 첫째는 한 번 치료 받는 데 드는 비용이 100만 달러(한화 약 12억 원)에 달한다는 점이고, 둘째는 지질단백질 지질분해 효소 결핍증을 앓고 있는 환자의 수가 그렇게 많지 않다는 점이다.

글리베라는 지금까지도 전 세계에서 가장 비싼 약으로 기록되어 있다. 그러나 이 질병을 앓고 있는 환자는 유럽 전체를 통틀어 300명이 채 되지 않는다. 2012년 유럽에서 승인된 이후 2015년에 한 번 사용된 글리베라는 이후 단 한 차례도 사용되지 않았다. 글리베라를 만든 제조사는 미국 FDA 판매 승인을 포기했고, 유럽 내 판권도 다른 회사에 넘겼다.

전문가들은 글리베라의 치료 비용을 낮춰야 한다고 지적한다. 또 제약사 역시 환자 수가 많지 않기 때문에 글리베라와 같은 희귀 유전병 치료제로는 큰 이익을 볼 수 없다는 점을 인정해야 한다고 말한다. 이는 곧 '엄청난 투자를 들여 약을 개발해도 단 한 건의 처방에 그치는 약을 구태여 제약사가 개발해야 하는가?'라는 문제와 '제약사는 이 비용을 충당하기 위해 천문학적인 비용을 약값으로 책정하는 것이 타당한가?'라는 질문으로 귀결된다. 제약사는 과연 어떤 선택을 하는 것이 옳은 것일까? 또 환자는 이 치료법 외에 다른 치료가 없는 경우, 얼마만큼의 비용을 내놓는 것이 합리적인 것일까? 이 문제는 유전자 치료 시대가 본격화되기에 앞서 고민해야 할 중요 이슈 중 하나이다.

유전자 가위가 혁신적인 바이오 기술이라는 점은 앞서 설명했다. 이 기술은 비단 유전병뿐만 아니라 암과 에이즈 등 인류를 괴롭히는 여러 질병을 정복할 새로운 열쇠가 될 수 있다. 그렇다면 상용화는 언제쯤 실현 가능하게 되어 실제 환자들이 이 기술의 혜택을 볼 수 있게 될까?

2017년 전 세계적으로 주목받는 임상시험이 미국에서 이뤄졌다. 대상은 브라이언 머도Brian Madeux라는 40대 미국 남성으로, 그는 '헌터 증후군Hunter syndrome'이란 희귀 유전 질환을 앓고 있었다. 헌터 증후군은 우리 몸에서 탄수화물을 분해하는 효소 유전자에 문제가 생겨 발생하는 질환이다. 탄수화물 분해 효소가 제대로 만들어지지 않아 성장 지연과 장기 손상, 뇌 손상 등을 일으키게 된다.

미국 유전자 가위 업체 상가모와 UCSF 연구팀은 유전자 가위를 이용해서 세계 최초로 사람의 몸 안에서 유전자를 교정하는 데 성공했다. 헌터 증후군 치료에는 앞서 기술한 혈우병을 치료하기 위해 알부민 프로모터를 이용한 것과 같은 방법을 활용했다. 연구팀은 정상적으로 작동하는 탄수화물 분해 효소 유전자를 머도의 간세포에 있는 알부민 프로모터 뒤에 삽입했다. 이렇게 되면 새롭게 삽입한 정상적인 탄수화물 분해 유전자가 계속해서 탄수화물 분해 효소를 머도의 간세포에서 만들어 낸다.

사실 이전에도 사람의 특정 세포를 채취해서 실험실, 즉 체외에서 유전자를 교정한 사례는 있었다. 이렇게 몸 밖에서 유전자를 교정하는 것을 'ex vivo'라고 하는데, 이 ex vivo 환경에서의 유전자 가위 기술은 에이즈 치료 임상시험 등에 적용되고 있다.

이와 달리 사람의 몸 안에 직접 넣어 치료하는 것을 'in vivo'라고 하는데, 이 임상시험이 주목받는 이유가 바로 유전자 가위를 사람의 몸속에 직접 넣어 치료를 시도한 최초의 사례이기 때문이다. 브라이언 머도의 사례는 사람의 몸 안에서 체세포 유전자를 교정했다는 점에서 중요한 의미를 가진다.

그러나 지속해서 살펴 보아야 할 논의점도 있다. 2015년 전 세계 유전자 가위 기술 전문가들이 미국 워싱턴 DC에 모여 유전자 교정 기술과 관련한 중요한 회의를 열었다. 이 회의에서 과학자들은 체세포를 대상으로 한 유전자 교정 임상 적용은 우선 허용하고, 윤리적 논란이 있는 생식세포나 배아에 대한 유전자 교정 임상 적용은 좀 더 주시해 보자는 데 합의했다. 브라이언 머도를 대상으로 한 헌터 증후군 치료는 체세포의 일종인 간세포의 유전자를 교정한 것으로, 인간의 배아나 생식세포, 수정란의 유전자를 교정하는 것과 같은 윤리적인 논쟁과는 무관하다.

그러나 배아가 아닌 체세포의 경우에도 여러 가지 제한사항이 있다. 체세포를 대상으로 한 유전자 교정도 암과 같은 몇 가지 질병에 한해서만 허용되며, 그것 역시 기술로는 치료 불가능한 질병이어야 한다는 것이다. 이러한 내용을 담고 있는 법이 생명윤리법이다. 이 법에 따르면 암이나 에이즈의 경우 현재 의약품이 개발되어 있기 때문에 사실상 유전자 가위 치료를 적용할 수 없다는 얘기가 된다. 다시 말하면 혁신적인 치료법이 개발되더라도 실제 환자에게 적용하는 것은 사실상 불가능하다는 이야기이다.

하지만 최근 이런 규제를 대폭 풀어주자는 쪽으로 법 개정이 추진되고 있다. 국내에서 이 같은 법 개정이 추진되고 있는 이유는 주요 선진국들이 유전자 가위 기술에 대한 규제를 푸는 쪽으로 선회하고 있기 때문이다. 이 규제를 푸는 것이 중요한 이유는 질병 치료라는 원천적인 이유도 있지만 몇 가지 다른 이유도 있다. 만약 선진국이 규제를 대폭 풀어 유전자 가위 기술을 급속도로 발전시키고 있는데 우리나라는 규제로 인해 기술이 정체된다면 급격한 기술 격차를 불러올 수밖에 없기 때문이다. 이런 격차가 가속화된다면 나중에는 우리가 비싼 돈을 들여 기술을 수입해야 할 처지에 몰릴 수 있다.

또 유전 질환이 있는 부모라면 당연히 자식에게 그 질환을 물려주고 싶지 않을 것이다. 그런데 규제로 인해 국내에서 치료가 제한되어 있다면 해외에 나가서 치료를 받고 돌아와야 한다. 불필요하게 외화가 낭비되는 것은 말할 것도 없고 환자의 불편도 이만저만이 아닌 상황이 연출되는 것이다. 이런 이유 등으로 유전자 가위 기술의 적용 범위 등을 담고 있는 생명윤리법이 앞으로는 새로운 기술 등장에 따라 현실적으로 바뀌어야 한다는 목소리가 지속해서 나오고 있다. 최근 이 같은 과학계의 지적을 반영해 대통령 직속 국가생명윤리심의위원회는 유전자 가위 기술의 적용 제한을 대폭 완화해 다양한 질병에 적용할 수 있도록 관련법을 개정할 필요가 있다는 의견을 제시했다. 이에 따라 앞으로 국내에서 관련법 개정이 탄력을 받을 것으로 기대되고 있다.

Deep Inside ;
진화의 원동력 유전자 돌연변이

보통 유전자에 돌연변이가 일어난다고 하면, 유전병이나 암을 일으키는 등 우리에게 안 좋은 영향을 끼친다고 생각하기 쉽다. 하지만 유전자 돌연변이는 사실 지구상에 존재하는 모든 생물을 현재의 형태로 만들어 낸 진화의 핵심 동력이다. 인간을 비롯하여 원숭이, 호랑이, 도마뱀, 물고기 등 모든 생명체는 현재 환경에 최적화 된 형태로 진화해 생존경쟁에서 우위를 차지한 개체들의 후손이다.

돌연변이는 특정 유전자에 변화가 생겨 개체의 특성이 바뀌게 된 것을 말하는데, 이렇게 변이가 생긴 개체들 가운데 환경에 최적화 된 개체만 생존하고, 그렇지 못한 개체는 그 종(種) 내에서 도태되고 만다. 환경에 잘 적응할 수 있는 돌연변이 유전자를 가진 개체는 그 유전자를 후손에게 전달하고, 결국 환경에 최적화 된 종만 살아남게 된다는 것이 바로 찰스 다윈의 '자연선택' 이론인데, 이 자연선택이 일어날 수 있는 원동력이 바로 돌연변이다. 이 돌연변이와 관련한 몇 가지 긍정적인 사례들이 있다.

아기들은 태어나면 엄마 젖을 먹고 자란다. 젖이 잘 나오지 않을 경우 분유를 먹이는데, 아기들은 모유나 분유나 다 잘 먹는다. 그런데 성인 중에는 간혹 우유를 먹으면 설사를 하는 사람들이 있다. 우유의 주성분은 젖당인데 이 젖당이 우리 몸속에서 분해가 잘 안 되기 때문이다. 젖당은 우리 몸속에 있는 젖당 분해효소라는 단백질이 분해하는데, 아기였을 때는 이 젖당 분해효소가 많이 만들어지지만, 점차 자라면서 성인이 되면 젖당 분해효소가 잘 만들어지지 않는다. 그래서 우유를 먹으면 젖당이 분해가 안 되어 설사를 하게 된다.

그런데 특이하게도 중동 지역 사람들은 성인이 돼서도 우유를 잘 마신다. 여기서 잘 마신다는 말은 우유를 먹어도 설사를 하지 않는다는 의미다. 중동 지역의 특징 가운데 하나는 국토 대부분이 사막이라는 점이다. 우리나라와 비교하면 척박한 환경이라고 볼 수 있는데, 수천 년 전부터 중동 사람들이 쉽게 먹을 수 있는 음식은 낙타의 젖이었다. 그래서 중동 사람들의 선조들은 아주 오래 전부터 우리나라 사람들이 밥을 먹는 것처럼 낙타 젖을 주식으로 먹어 왔다.

그러다 보니 긴 세월에 걸쳐 이들의 몸에서 특별한 변화가 일어났다. 오랫동안 우유를 먹어도 몸에 별 탈이 나지 않도록 젖당 분해효소가 성인이 돼서도 잘 작동하게 된 것이다. 이런 변화가 중동 사람들의 생존에 더 유리하기 때문에 그런 방향으로 변화가 발생한 것인데, 이런 변화를 이끈 원동력 역시 돌연변이다.

뉴질랜드 등산가이자 탐험가인 에드먼드 힐러리Edmund Percival Hillary는 1953년 5월 29일 세계 최초로 '지구의 지붕'으로 불리는 에베레스트 산을 정복했다. 힐러리가 8,848m의 에베레스트를 등반할 때 그와 함께 에베레스트를 오른 인물이 있다. 바로 셰르파sherpa인 텐징 노르가이Tenzing Norgay이다. 사람들은 힐러리만 기억하지만, 사실 노르가이의 도움이 없었다면 힐러리의 에베레스트 등반은 불가능했을 것이다. 셰르파는 에베레스트와 같은 히말라야의 고봉을 등반할 때 등반을 도와주는 일종의 산악 도우미라고 볼 수 있다.

에베레스트처럼 높은 산을 오를 때는 그냥 등반하는 것이 아니라 고산병에 대한 훈련을 충분히 하고 등반해야 한다. 고산병은 낮은 지대에서 해발 2,000m 이상의 고지대로 이동할 때 산소가 희박해지면서 나타나는 신체의 급성반응이다. 높은 곳에 올라가면 공기 중 산소농도가 떨어지면서 점차 혈액에 녹아든 산소가 줄고, 인체 조직에 저산소증이 발생한다. 이에 따라 인체는 숨을 많이 쉬어 부족한 산소량을 보충하고, 산소함유량이 떨어진 혈액을 많이 순환시키는 등의 대응을 한다.

하지만 이런 대응도 산소농도가 16% 정도일 때까지만 가능하며 이보다 낮은 농도에서는 대응이 제대로 이뤄지지 않아 산소결핍 증상이 나타난다. 이것이 바로 고산병이다. 그런데 희한하게도 셰르파들은 고산병에 잘 걸리지 않는다. 대대로 고산지대에 생활한 덕분에 고산병을 견딜 수 있도록 진화가 일어났기 때문이다. 이들의 몸에 생긴 돌연변이 유전자는 체내 산소 운반을 도와주는 역할을 하고, 혈관 생성도 도와주어 혈관으로 산소와 영양분이 잘 이동할 수 있게 해 준다. 산소가 희박한 환경에서도 견딜 수 있도록 혈액 내 산소를 운반하는 유전자에 변이가 생긴 것이다.

아프리카는 말라리아가 창궐하는 대표적인 지역 가운데 하나다. 그런데 놀랍게도 아프리카 일부 지역 사람들은 말라리아에 잘 걸리지 않는다. 특이한 점은 이들 적혈구의 모양이 일반 사람들과 조금 다르다는 것이다.

일반적으로 적혈구는 둥그런 모양이지만, 이들의 적혈구는 초승달 형태다. 말라리아 원충은 인간 세포 중에서 적혈구에 증식하며 병을 일으킨다. 적혈구는 말라리아 원충의 입장에서 일종의 집 역할을 하는데, 초승달 모양의 적혈구는 둥그런 원 모양의 적혈구보다 상대적으로 집 크기가 작다. 그래서 이런 초승달 모양의 적혈구에서는 말라리아 원충이 잘 증식하지 못한다.

반면 초승달 모양의 적혈구는 일반 적혈구에 비해 크기가 상대적으로 작아 산소를 잘 운반하지 못하게 되어 빈혈이 발생하기도 한다. 이것이 바로 앞서 등장한 겸상 적혈구 빈혈증이다. 그렇다면 생명체의 입장에서 빈혈이 일어나는 것과 말라리아에 걸리는 것 중 어느 것이 더 생존에 유리할까? 겸상 적혈구 빈혈증 환자의 기대 수명은 40

세가 채 안되지만, 열대열 말라리아의 높은 치사율 역시 함께 고려할 필요가 있다. 아프리카 일부 지역에서 이 같은 진화가 일어난 데는 분명한 이유가 있기 때문이다.

이처럼 유전자는 DNA 염기서열 그대로 변하지 않는, 정적(靜的)인 것이 아니라, 주어진 환경에 따라 동적(動的)으로 변할 수 있다는 것을 보여준다. 유전자의 묘미는 바로 이러한 동적인 변화에 있는 것이 아닐까?

왕좌의 게임 예고, 유전자 치료제

앞서 '왕가의 저주'로 불린다고 설명했던 혈우병. 혈우병에도 종류가 있는데, 그 중에서도 B형 혈우병은 9번 응고인자의 결핍과 관련이 깊다. 9번 응고인자 유전자가 제대로 작동하지 않아 피가 나면 멈추지 않게 되는 질병이 B형 혈우병이다.

일군의 과학자들은 정상적인 B형 혈우병 유전자를 직접 환자의 몸 안으로 전달하는 방식의 유전자 치료제를 개발했다. 과학자들이 치료 물질을 세포 내 핵 안으로 전달하기 위해 활용한 전달체는 아데노 관련 바이러스이다. 아데노 관련 바이러스는 인체에 해가 없는 유전자 전달체, 즉 벡터로 자주 쓰인다. 2022년 11월, 미국 FDA는 이런 방식의 B형 혈우병 치료제 헴제닉스hemgenix를 승인했다. 헴제닉스는 B형 혈우병에 대한 유전자 치료제로는 세계 최초의 사례이다.

한편, 베타 지중해성 빈혈증Beta-thalassemia은 우리 몸의 헤모글로빈 유전자에 문제가 생겨 발병한다. 미국 바이오 기업 블루버드bluebird bio는 헤모글로빈을 구성하는 헤모글로빈 서브 유닛 베타Hemoglobin subunit beta 유전자를 환자의 몸 안에 전달하는 방식의 유전자 치료제 진테글로zynteglo를 개발했다. 헴제닉스가 아데노 관련 바이러스를 사용한 것과는 달리, 진테글로는 바이러스 벡터로 또 다른 벡터인 렌티 바이러스를 활용했다. 미국 FDA는 2022년 8월 진테글로를 승인했는데, 렌티 바이러스를 벡터로 이용한 유전자 치료제는 진테글로가 세계 최초이다.

희귀유전병의 일종인 척수성근위축증spinal muscular atrophy은 신경 근육의 이상으로 발병하는데, SMN1 유전자의 돌연변이가 병을 일으킨다. SMN1 유전자의 돌연변이는 운동 신경세포의 생존에 필요한 단백질 SMN을 감소시킨다. 노바티스Novartis는 SMN1 유전자를 전달하는 방식의 유전자 치료제 졸겐스마Zolgensma를 개발했다. 졸겐스마는 바이러스 벡터로 9번 아데노 관련 바이러스(AAV)를 이용했다. 미국 FDA는 2019년 5월 졸겐스마를 승인했다.

헴제닉스, 진테글로, 졸겐스마 등은 모두 유전자 치료제로 우리 몸에 정상적인 기능을 할 유전자를 전달한다. 이렇게 전달된 유전자는 이론적으로 반영구적으로 우리 몸 안에서 작동한다. 유전자 치료제가 1회 투여로 평생 효과를 볼 수 있다는 말이 나오는 근거이다. 졸겐스마는 환자 투여 후 장기 추적조사 결과 1회 투여로 최대 7.5년 동안 치료 효과가 유지되는 것으로 나타났다.

앞서 살펴보았듯 겸상 적혈구 빈혈증은 적혈구가 낫 모양으로 변해 빈혈을 일으키는 질환이다. 일군의 과학자들은 유전자 가위 기술을 이용해 겸상 적혈구 빈혈증 치료제를 개발했다. 우선 환자의 혈액에서 혈액 줄기세포를 채취한다. 이후 혈액 줄기세포에서 헤모글로빈 생성을 저해하는 유전자 BCL11A를 제거한다. 이렇게 병의 원인 유전자를 없앤 혈액 줄기세포를 다시 환자에게 주입하는 식으로 치료가 이루어진다. 미국 FDA는 2023년 12월 이런 방식의 유전자 가위 치료제 카스게비Casgevy를 세계 최초로 승인했다.

작용 기전은 조금씩 다르지만, 이 치료제와 앞서 설명한 3개의 유전자 치료제는 병의 원인 유전자를 대체하거나 제거해 병을 근본적으로 치료한다는 점에서 같다. 이외에도 유전자 치료제나 유전자 가위 치료제를 대상으로 한 임상시험이 전 세계적으로 활발히 진행되고 있다. 신약 개발은 과거 아스피린과 같은 합성의약품에서 출발해 휴미라와 같은 항체 치료제의 전성시대를 거쳐 이제는 유전자 치료제와 같은 혁신 기술로 무장한 새로운 왕좌의 게임을 예고하고 있다.

유전자 가위… 특허 분쟁과 노벨상

우리가 흔히 말하는 유전자 가위는 3세대 유전자 가위인 크리스퍼 CRISPR/Cas9 유전자 가위를 말한다. 크리스퍼 유전자 가위는 크게 2부분으로 구성되어 있다. 표적으로 하는 유전자를 잘라내는 가위 역할을 하는 Cas9 단백질과, 이 단백질을 표적 유전자까지 정확하게 안내하는 일종의 가이드 RNAguide RNA, gRNA가 그것이다. 원래 크리스퍼 시스템은 세균인 화농성연쇄상구균Streptococcus pyogenes의 면역체계에서 유래했다.

'CRISPR/Cas9'의 'CRISPR'는 'Clustered Regularly Inter-spaced Short Palindromic Repeats'의 약자로, 규칙적으로 반복되는 짧은 팔린드롬 조각을 의미한다. 팔린드롬이란 DNA 상에서 염기배열이 역방향으로 반복되어 왼쪽과 오른쪽이 똑같이 읽히는 구조를 말한다. 팰린드롬 조각들 사이에 있는 염기서열인 '가이드'는 외부에서 침입한 바이러스의 염기서열을 인식하고 기록하는 기능을 한다. 이런 가이드의 도움을 받아 Cas9이라는 절단효소가 실제로 DNA 염기서열을 잘라내는 것이다.

화농성연쇄상구균은 침입하는 바이러스를 막기 위한 전략으로 바이러스 DNA 절단 무기를 갖추고 있는데, 이 면역체계가 바로 CRISPR/Cas9이다. 프란시스코 모히카Francisco Mojica라는 학자가 2000년에 처음으로 세균의 DNA에서 반복적이고 공통적인 염기서열을 발견했는데, 2002년 이를 'CRISPR', 즉 '크리스퍼'라고 명명했다. 이후 2007년에는 크리스퍼가 세균의 면역과 관련이 있다는 사실이, 2012년에는 크리스퍼 유전자와 Cas9 단백질을 이용해 DNA를 절단할 수 있다는 점이 증명됐다. 이듬해인 2013년에는 RNA와 Cas9을 이용해 인간 세포를 포함한 동물세포의 DNA 절단이 실제로 이뤄졌다.

크리스퍼 유전자 가위 기술은 유전병이나 에이즈, 암 등의 각종 질병 치료에서부터 유전자 변형 작물 재배 등 거의 모든 바이오 분야에 활용되며 21세기 바이오 혁명을 이끌 기술로 불린다. 이 기술의 잠재적 특허 가치는 수십억 달러에 달할 전망이다. 그만큼 이 특허를 확보하기 위해 많은 기업과 연구실이 노력하고 있다. 그런데 여기서 흥미로운 점은 크리스퍼 유전자 가위의 특허 분쟁이 현재진행형이라는 점이다.

2012년 5월 UC버클리 제니퍼 다우드나Jennifer Doudna 교수팀은 크리스퍼 유전자 가위 기술로 바이러스 DNA의 특정 부분을 교정하는 데 성공했다. 이 실험은 크리스퍼 유전자 가위가 DNA를 선택적으로 자를 수 있다는 점을 보여주며 CRISPR/Cas9의 주요 기능을 규명하는 데 핵심 역할을 했다. 다우드나 교수팀은 이 결과를 바탕으로 특허를 출원했다.

그리고 같은 해 12월, MIT 펑 장Feng Zhang 교수팀을 포함한 브로드연구소Broad Intstitute(하버드 & MIT 공동연구소)는 크리스퍼 유전자 가위 기술을 인간이나 쥐와 같은 포유류에 적용할 수 있다는 점을 증명한 것으로 특허를 출원했다. 크리스퍼 유전자 가위 기술의 인간 세포 적용 가능성을 입증한 것이다.

2014년 4월 브로드연구소는 일정한 요건을 만족하는 출원에 대해서는 심사청구의 순위에 관계없이 다른 출원보다 먼저 '우선 심사'를 신청할 수 있는, 일명 '우선 심사 제도'를 이용해 크리스퍼 유전자 가위 기술에 대한 미국 특허권을 먼저 취득해 냈다. 이에 UC버클리는 크리스퍼 유전자 가위 기술을 브로드연구소보다 먼저 개발한 것을 들어, 미국 특허청 심판위원회에 먼저 받은 특허라도 다른 이가 우선 발명한 증거가 있으면 기존의 특허를 무효화 시킬 수 있는 '저촉 심사'를 신청했다.

2017년 2월, 미국 특허청은 브로드연구소의 손을 들어주었다. 특허청은 저촉 심사의 이유가 없다고 결정했는데, 브로드연구소의 발명이 UC버클리의 발명과 다르기에 브로드연구소의 특허권이 유효하다는 것이다. 그러면서도 브로드연구소의 특허권을 인정한 것일 뿐, UC버클리가 낸 특허출원이 무효가 되는 것은 아니라고 설명했다. UC버클리는 2017년 4월, 특허심판원의 결정에 불복하고 연방항소법원에 항소했다. 하지만 UC버클리의 항소는 2018년 9월 기각되었다. 이후 UC버클리는 2022년 3월 특허청에서 이뤄진 2라운드에서도 브로드연구소에 지면서 다음 수를 고민 중이다. 현재 UC버클리와 브로드연구소는 미국뿐 아니라 유럽과 중국, 호주 등 세계 각지에서 특허 전쟁을 벌이고 있다.

유전자 가위 특허 분쟁과는 별도로 2020년 노벨 화학상은 크리스퍼 유전자 가위의 원리를 발견한 제니퍼 다우드나와 엠마뉴엘 샤르팡티에Emmanuelle Charpentier 교수에게 돌아갔다. 특허 소송은 아직 진행 중이지만, 노벨위원회는 크리스퍼 유전자 가위의 잠재적 가능성을 높이 평가해 이를 최초로 발견한 다우드나 그룹에게 상을 주기로 했다. 이후 2023년에는 앞서 등장했던 카스게비를 통해 세계 최초로 유전자 가위 치료제가 상용화되었다. 앞으로 유전자 가위 치료제가 어떻게 뻗어나갈지, 그 과정에서 두 연구진의 특허 분쟁은 어떤 식으로 종료될지가 궁금해진다.

유전자 변형 생물 GMO

유전자 가위 기술과 같은 유전공학genetic engineering 기술은 비
단 질병뿐 아니라 다양한 식물에도 적용되고 있다. 식물의 유전자를
조작해 병충해에 저항성을 가지도록 하거나, 좀 더 맛이 좋은 우수
한 품종으로 만들기 위해서다. 이런 식물을 유전자 변형 식물, 일명
GMOGenetically Modified Organism라고 부른다. GMO 작물은 처음으
로 개발된 지 근 40여 년이 지났지만, 아직도 그 안전성에 대해선 논
란이 많다. 이번에는 비타민A 결핍증을 치료할 수 있는 GMO 황금
쌀의 사례를 통해 GMO 논란에 대해서 살펴보자.

우리 몸은 구성하는 3대 영양소는 탄수화물carbohydrate, 단백질
protein, 지방lipid이다. 이들은 모두 열량을 내는 물질로 우리 몸에서
에너지를 생성한다. 탄수화물과 단백질의 열량은 $4kcal/g$이고 지방은

9kcal/g이다. 탄수화물, 단백질, 지방처럼 우리 몸에서 에너지를 생성하지는 못하지만, 물질대사나 생리 기능을 조절하는 데 쓰이는 물질이 있다. 바로 비타민vitamin이다. 비타민은 체내에서 전혀 만들어지지 않거나, 만들어져도 소량으로만 만들어지기 때문에 외부로부터 섭취해야 한다.

비타민은 종류에 따라 A, B 복합체, C, D, E, F, K, U, L, P 등이 있다. 이 가운데 비타민A는 동물성이나 식물성 식품을 통해서만 섭취할 수 있는데, 지용성 비타민이므로 지방이나 기름과 결합해야만 체내 흡수가 가능하기 때문이다. 비타민A는 시력 유지에 중요한 역할을 해, 비타민A를 충분히 섭취하지 못할 경우 심하면 실명까지 이어지는 비타민A 결핍증에 걸린다. 세계보건기구는 전 세계적으로 약 2억 5천만 명의 아이들이 비타민A 결핍증으로 고통받는 것으로 추정했다. 이들 가운데 약 25~50만 명의 어린이가 해마다 시력을 잃고 있으며, 이들 대부분은 1년 안에 사망한다.

비타민A 결핍증은 쌀을 주식으로 하는 동남아시아에서 주로 발생한다. 쌀에는 우리 몸에서 비타민A로 전환되는 전구물질precursor인 베타카로틴β-carotene이 없기 때문이다. 쌀을 주식으로 하는 한국과 중국, 일본에서 비타민A 결핍증이 발생하지 않는 이유는 이들 나라가 쌀을 주식으로 하고는 있지만, 쌀 이외에도 다양한 음식물 섭취를 통해 비타민A를 충분히 보충하고 있기 때문으로 보인다.

그런데 쌀을 주식으로 할 때 생기는 비타민A 결핍을 해소할 수 있는 황금 쌀golden rice이라는 쌀이 있다. 이 쌀은 색이 흰색이 아니라 황금색이어서 황금 쌀로 불리는데, 황금색으로 보이는 이유는 노란색을 띠는 베타카로틴을 다량으로 포함하고 있기 때문이다.

지난 1999년 개발된 황금 쌀은 대표적인 GMO다. 옥수수에 있는 베타카로틴 유전자를 쌀 세포에 주입한 후, 이 유전자가 발현되면 베타카로틴을 가진 쌀이 된다. 황금 쌀은 1999년에 개발됐지만, 정작 이 쌀을 비타민A 결핍증을 앓고 있는 동남아시아 어린이들은 먹지 못한다. 몇몇 환경단체가 GMO는 안전하지 않다고 주장하며, 황금 쌀을 이 지역 아이들에게 주는 것을 반대하고 있기 때문이다.

그렇다면 환경단체는 도대체 왜 황금 쌀을 반대하는 것일까? 이 문제는 사실 황금 쌀을 포함해 GMO 전체에 대한 찬반 논란으로 귀결된다. 2016년, 역대 노벨상 수상 생존자 중 120여 명은 GMO 기술이 기본적으로 안전하며, 영양을 높인 작물이 절실한 개발도상국을 위해 GMO를 지원해야 한다는 내용의 성명을 그린피스와 UN 대사관 등에 발송했다. 현재 노벨상 수상자 가운데 290여 명이 생존하고 있는데, 약 40% 정도가 GMO를 지지한 셈이다. GMO 찬성론자들은 GMO가 상용화된 지 20여 년이 지났지만, 지금까지 GMO를 먹은 사람 가운데 이상 현상이 발생한 사례가 단 한 건도 없다는 점을 강조한다.

세계 최초의 GMO 작물은 담배였다. 미국의 몬산토Monsanto가 1983년 개발한 이 담배는 항생제 저항성을 가지고 있었다. 이후

1994년에는 세계 최초의 식용 GMO가 탄생했다. 미국의 바이오 기업 칼젠Calgene은 무르지 않는 토마토를 개발해 FDA로부터 판매 승인을 받았다.

2016년 미국 국립학술원은 현재 상용화된 GMO 식품이 다른 일반 식품과 다를 바 없이 안전하다는 보고서를 발표했다. 예를 들어 황금 쌀에는 옥수수의 특정 유전자가 도입되었는데, GMO에 도입된 옥수수의 유전자나 일반 옥수수의 유전자나 똑같은 DNA 구조를 지니고 있기 때문에 인간이 섭취해도 동일하게 소화되어 분해된다는 것이다. 만약 쌀에 도입된 특정 유전자가 우리 몸에 영향을 미친다면 이미 부작용이 나타났어야 하는데, 인류 역사상 그런 사례는 없다는 것이다.

GMO를 반대하는 사람들은 GMO의 역사가 길지 않다는 것을 이유로 이에 반대하고 있다. 식품의 안전성을 확인하려면 30년 정도의 장기 추적 조사를 해야 하는데, 아직 이런 연구가 없다는 것이다. 이들은 GMO 안전성에 우려를 제기하는 논문을 주요 근거로 둔다. 지난 2012년 프랑스 캉 대학 세라리니Gilles-Eric Seralini 연구팀은 GMO 옥수수를 먹은 쥐는 그렇지 않은 쥐보다 2~3배 빨리 죽고, 암도 발병하기 쉽다는 연구결과를 발표했다. 미국 바이오 기업 몬산토의 라운드업 제초제와 GMO 옥수수의 독성에 관한 이 논문은 2012년 과학저널 『음식 및 화학독성Food and Chemical Toxicology』에 게재됐다. 하지만 이 논문은 결론이 명확하지 않다는 등의 이유로 결국 철회됐다. 그러나 그 이후에도 이 논문의 철회 타당성을 놓고 여전히 논란이 계속되고 있다.

한편 GMO의 안전성 문제를 정치적 관점에서 보는 시각도 있다. 세계 최대 GMO 기업을 보유한 미국은 GMO를 찬성하는 대표적인 국가다. 반면 유럽은 미국과 달리 GMO에 대한 반대가 극심하다. 그런데 유럽이 GMO에 반대하는 것에는 정치가 한몫하고 있다는 주장이 제기되고 있다. 미국의 값싼 GMO로 인해 유럽의 식량공급 구조가 흔들리게 되는 것을 유럽 환경 단체와 일부 정치인들이 원치 않는다는 것이다. 이들은 또 미국 기업이 미국산 GMO를 이용해 유럽뿐만 아니라 전 세계의 식량 공급을 독차지하려는 것으로 보고 있다. 전 세계 곡물 생산은 미국과 유럽이 양분하고 있는데, 유럽에 값싼 미국산 GMO가 수입될 경우 유럽 농업이 큰 타격을 입을 것으로 보는 것이다. 그래서 유럽 내 농산업과 농산물 수출을 보호하기 위해 정치적으로 GMO를 반대한다는 주장이다. 과연 진실이 무엇일지는 시간이 가려내 줄 것이다.

전 세계적으로 GMO 안전성 논란이 끊이지 않는 가운데, 우리나라의 경우 GMO를 우리 땅에서 재배하는 것은 금지돼 있지만, GMO를 수입하는 것은 허용하고 있다. 한국은 주로 GMO 옥수수와 GMO 콩을 수입한다. 한 가지 흥미로운 점은 우리나라에서는 최종 제품에서 GMO DNA가 검출되지 않으면 GMO 표기를 하지 않아도 된다는 점이다.

식용유를 예로 들어보자. GMO 콩의 대부분은 콩기름을 만드는데 쓰인다. 그런데 콩기름을 만드는 과정에서 외래 유전자인 GMO DNA가 남지 않아 GMO 콩으로 만든 식용유에는 GMO DNA가 검출되지 않는다. 이 때문에 최종 제품인 GMO 식용유에는 GMO 표기가 없어도 된다는 것이다. 소비자의 입장에선 내가 먹는 식용유가 GMO 콩을 원료로 만든 것인지, 아닌지 알 길이 없다. 그래서 소비자시민단체 등은 GMO DNA가 최종 제품에 남아있지 않더라도 이를 원료로 사용했다면 GMO라고 표기해야 한다고 주장한다. 이를 'GMO 완전표기제'라고 부른다. 이렇게 GMO 안전성 논란이 이어지는 가운데, 2022년 10월 국회 보건복지위 국정감사에서 식품의약품안전처는 소비자, 시민, 생산자 등과 사회적 합의를 거쳐 오는 2026년까지 품목별로 단계적으로 GMO 완전표기제 도입을 추진할 예정이라고 밝힌 바 있다.

2. 미토콘드리아 유전병

아픈 게, 엄마 때문이라고요?

이번 장에서는 세포핵이 아닌 미토콘드리아에 있는 유전자에 문제가 생겨 발병하는 미토콘드리아 유전병에 대해 알아보고자 한다. 이를 위해서는 먼저 미토콘드리아란 무엇이며, 세포핵과는 어떤 차이점을 갖고 있는지를 알아볼 필요가 있다.

세포는 영국의 과학자 로버트 훅Robert Hooke이 처음 발견했다. 그는 1665년 현미경을 통해 코르크 조각에 작은 방처럼 보이는 것들이 무수히 많은 것을 관찰했다. 이를 특이하다고 생각한 훅은 다른 식물에도 이 같은 작은 방들이 존재한다는 점을 확인했다. 훅은 이 방들이 당시 수도사들이 쓰는 작은 방인 'cell'과 닮았다고 해서 '셀cell'이라고 이름을 붙였다.

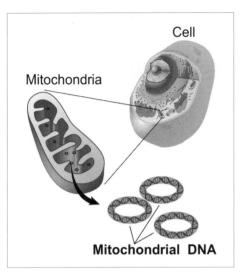

세포와 미토콘드리아 /ⓒNational Institute of Health

   세포는 인간의 몸을 구성하는 기본 단위이다. 현미경으로 봐야 간신히 보일 정도로 작은 세포 안에는 다양한 기능을 수행하는 세포 소기관이 존재한다. 이 가운데 대표적인 것이 바로 '핵nucleus'이다. 핵은 유전물질인 DNA가 보관된 특별한 장소이다. 현미경으로 봐야만 확인할 수 있는 세포, 그 세포보다도 훨씬 더 작은 핵이라는 특별한 공간에 들어 있는 DNA를 1자로 쭉 펼치면 길이가 대략 1.8m에 달한다. 세포핵의 평균 지름은 약 6마이크로미터(μm)에 불과하다. 얼핏 생각해봐도 1.8m짜리 DNA를 6μm에 불과한 핵에 넣는다는 것은 쉬운 일이 아니다. 아무리 잘 구겨 넣는다고 해도 이건 불가능해 보인다.

세포는 히스톤Histone이라는 단백질을 활용해 이 문제를 해결한다. 실패 역할을 하는 히스톤을 중심으로 DNA가 실타래처럼 감싸져 있는 것이다. 하지만 DNA가 복제될 때에는 히스톤에서 형태가 서서히 풀리면서 복제가 일어난다. 세포는 DNA를 보관할 때와 복제할 때를 구별해서 효과적으로 DNA를 핵 안에 보관하는 것이다.

유전정보의 흐름, 그러니까 중심 원리에서 DNA 복제replication와 RNA 전사transcription는 핵 안에서 일어난다. 하지만 RNA를 기반으로 단백질이 합성되는 이른바 단백질 번역protein translation은 세포핵 바깥 공간에서 일어난다. 세포 내에서 핵을 제외한 나머지 공간은 세포질cytoplasm이라고 부르는데, 세포질에는 핵을 제외한 다양한 세포 내 소기관들이 존재한다. 그 대표적인 것이 미토콘드리아mitochondria이다.

미토콘드리아는 세포 내 에너지를 생산하는 일종의 공장 역할을 한다. 우리가 음식을 먹어 섭취하는 영양분을 세포가 이용할 수 있는 생체 에너지인 ATPadenosine triphosphate로 전환하는 것이다. 이 에너지가 우리의 생체반응과 신진대사 등에 활용되므로, 미토콘드리아는 세포가 생명 현상을 유지하는 데 필요한 에너지를 공급하는 막중한 임무를 수행한다고 할 수 있다.

이처럼 막중한 임무를 수행해서일까? 미토콘드리아는 세포 내 소기관 가운데 유일하게 자신만의 DNA를 가지고 있다. 이 DNA를 핵 속에 존재하는 DNA와 비교해 미토콘드리아 DNAmitochondrial DNA

라고 부르며, 줄여서 mtDNA로 표기한다. 다시 말해 인간은 세포핵 속에 존재하는 DNA 외에도 미토콘드리아에 존재하는 별도의 DNA 를 가진 것이다.

미토콘드리아 DNA는 핵 속에 존재하는 DNA와 달리 둥그런 형태 의 DNA이다. 인간의 미토콘드리아 DNA는 37개의 유전자로 이뤄 졌다. 과학자들은 이 미토콘드리아 DNA가 세균bacteria에서 유래한 것으로 추정하고 있다. 이를 설명할 수 있는 가설로 생명과학의 내공 생설endosymbiotic theory이 있다.

아주 오래 전, 핵을 가진 세포인 진핵세포eukaryote의 조상뻘이 되 는 세포가 있었다. 이 진핵세포 조상이 살던 곳 주변에는 한 원시 세 균이 에너지를 생산하는 특별한 능력을 갖추고 있었다. 진핵세포의 조상은 이 원시 세균을 통해 자신의 생존에 필요한 에너지를 얻고자 했고, 원시 세균은 조금 더 안전한 생활을 보장받고자 했다. 결국, 진 핵세포의 조상은 자신의 몸 안으로 원시 세균을 받아들여 원시 세균 에게 생존을 보장해주는 대가로 에너지를 제공받게 되었다. 핵을 가 진 세포가 에너지를 생산하는 원시 세균인 미토콘드리아를 자신의 일부로 받아들인 것이다.

세포 안으로 들어와 공생하기 시작한 미토콘드리아는 수십억 년의 세월이 지났지만, 자신만의 DNA를 지금까지도 지니고 있다. 미토콘 드리아 DNA는 모계를 통해서만 후손에 전달된다. 난자와 정자가 만 나 수정되면, 정자가 가지고 있는 미토콘드리아 DNA는 난자 세포에 의해 파괴된다. 하지만 원래 난자 세포에 있는 미토콘드리아는 파괴되지 않고 보존되기 때문에 미토콘드리아 DNA는 어머니로부터 유전된다. 이 때문에 미토콘드리아 DNA 유전을 모계 유전이라고 부르는 것이다.

그렇다면 이 미토콘드리아는 언제 돌연변이가 일어나는 것일까? 미토콘드리아의 경우 생체 에너지인 ATP를 만들어 내는 과정에서 활성산소Reactive Oxygen Species, ROS라는 물질에 쉽게 노출되게 된다. 이 활성산소가 유전자 돌연변이를 일으키는데, 이로 인해 미토콘드리아 DNA는 핵 속의 DNA보다 돌연변이가 더 많이 일어난다. 핵 속에 있는 DNA의 돌연변이가 각종 유전 질환을 일으키는 것처럼, 미토콘드리아 DNA의 돌연변이 역시 유전 질환을 일으킨다. 미토콘드리아 유전병으로는 근육 쇠약, 간 기능 장애, 시각 장애, 청각 장애 등이 있는데, 이 중에서도 시력 상실을 일으키는 '레버 유전성 시신경병증Leber hereditary optic neuropathy'은 대표적인 미토콘드리아 유전병 중 하나이다.

더 나아가 미토콘드리아 DNA에 유전자 돌연변이가 지속해서 발생하면 미토콘드리아는 에너지 생산이라는 본래의 기능을 제대로 수행하지 못하게 된다. 이럴 경우 당뇨병과 치매 등의 질환이 발병하게 되는 것으로 알려졌다. 미토콘드리아 DNA에 문제가 발생할 경우 유전병뿐만 아니라 각종 질환을 일으키는 또 다른 요인으로도 작용하게 된다는 것이다.

세 부모 아기

리 증후군Leigh syndrome은 미토콘드리아 DNA의 돌연변이로 인한 미토콘드리아 질병 중 하나로 뇌와 근육, 신경계에 악영향을 미친다. 이 질환은 대략 4만 명 가운데 1명 꼴로 발병하며 생후 1년 내 운동장애와 뇌 기능 감소 등이 나타나, 2~3년 내에 사망하게 되는 것으로 알려졌다.

2016년 리 증후군을 앓고 있는 요르단 출신의 여성 이브티삼 샤반Ibtisam Shaban은 이 병을 자식에게 물려주지 않기 위해 당시로는 생소한 '세 부모 아기' 시술을 받기로 했다. 이 여성은 앞서 두 아이를 출산했지만, 각각 생후 8개월과 6개월 무렵 아이들을 잃었다. 그녀는 이번만큼은 유전병으로 인한 자녀의 사망을 막고 싶었다.

이를 위해 미국 뉴욕 소재 뉴 호프 퍼틸리티 센터New Hope Fertility Center의 존 장John Zhang 박사는 미토콘드리아 교환법mitochondria replacement therapy이라고 불리는 시술을 멕시코에서 진행했다. 당시 미국에서는 이 시술이 불법이었기 때문에 별다른 제재가 없는 멕시코를 택한 것이다. 이 시술을 통해 태어난 아이는 건강한 것으로 전해졌다. 그가 바로 세계 최초로 미토콘드리아 유전병을 극복하고 태어난 아이, 아브라힘 하산Abrahim Hassan이다.

그렇다면 앞서 샤반의 두 아이의 목숨을 앗아갔던 치명적인 미토콘드리아 유전병은 어떻게 세 부모 아기 시술을 통해 대물림되지 않게 된 걸까? 이 방법에는 말 그대로 세 부모가 등장한다. 먼저 미토콘드리아 유전병을 앓는 엄마, 즉 이브티삼 샤반의 난자에서 핵만 추출해 낸다. 건강한 미토콘드리아를 가진 제3의 여성의 난자에서는 핵을 제거하고, 추출한 엄마의 핵을 이 여성의 난자에 넣는다. 그러면 엄마의 핵과 건강한 미토콘드리아를 가진 난자 세포가 만들어진다. 이 난자 세포를 아빠의 정자 세포와 인공 수정한다. 그러면 결과적으로 엄마의 핵 속 DNA와 아빠의 핵 속 DNA, 그리고 제3의 여성이 제공한 건강한 미토콘드리아 DNA를 가진 수정란이 만들어진다. 이 수정란을 엄마의 자궁에 착상해 다른 산모들과 같이 임신 과정을 거쳐 아이를 출산하는 것이다.

이 시술법은 건강한 여성의 미토콘드리아를 기증받는다는 점에서 '미토콘드리아 기증mitochondrial donation'이라고도 불리며, 아기의 생물학적 부모가 3명이라는 점에서 일명 세 부모 아기 시술이라고도 불린다. 세 부모 아기 시술은 미토콘드리아 유전병을 원천적으로 차단하는 방법이 될 수 있지만, 세포핵 치환을 해야 하고, 건강한 미토콘드리아를 기증 받아야 하는 등 그 과정이 복잡하다.

그런데 유전자 가위 기술을 활용하면 이보다 훨씬 간단한 방법으로 미토콘드리아 DNA로 인한 유전 질환을 해결할 수 있다. 엄마의 미토콘드리아에서 문제가 되는 유전자를 유전자 가위로 교정한 뒤 아빠의 정자와 수정하는 방법이다. 미국 솔크 연구소Salk Institiute 연구팀은 2015년 2세대 유전자 가위 탈렌Talen을 이용해 생쥐를 대상으로 2가지의 돌연변이 미토콘드리아 유전자를 교정하는 데 성공했다.

세포는 세포 당 수백에서 수천 개의 미토콘드리아를 가지고 있다. 이 미토콘드리아 중에는 정상적인 유전자를 가진 미토콘드리아도 있으며, 돌연변이 유전자를 가진 미토콘드리아도 있다. 솔크 연구소 연구팀은 모든 미토콘드리아 돌연변이 유전자를 제거하고자 하지는 않았다. 이들은 미토콘드리아 돌연변이 유전자가 다음 세대로 유전돼 병을 일으키는 것을 막을 수 있는 수준에서 돌연변이 유전자를 제거하고자 했다.

연구팀은 생쥐를 대상으로 한 실험에서 미토콘드리아 돌연변이 유전자 일부만을 제거하고도 미토콘드리아 유전병이 다음 세대로 유전되는 것을 차단할 수 있음을 확인했다. 여기에서 한 발 더 나아가, 연구팀은 인간 난모세포에서 레베 유전성 시신경 병증 돌연변이 유전자 수를 줄이는 데에도 성공했다.

아직 실제 사람을 대상으로 하는 미토콘드리아 유전병 치료에 적용되지는 않았지만, 연구팀은 유전자 가위 기술이 앞으로 미토콘드리아 유전병을 치료하는 데 획기적인 도구로 활용될 것으로 전망했다. 특히 세 부모 아기 시술이 미토콘드리아 기증을 요구하는 것과 달리, 난자 세포에 간단히 유전자 가위를 주입하면 된다는 점에서 기술적으로도 좀 더 쉬운 치료임을 강조했다. 또한 더 이상 세 부모가 필요하지 않으므로 사실상 정상적인 임신과도 큰 차이점이 없다. 다만 엄마의 난자 세포에서 문제가 되는 미토콘드리아 유전자를 손질했다는 점이 다를 뿐이다.

유전자 가위를 활용한 치료법은 미토콘드리아 유전병을 근본적으로 치료하는 방법이 될 수 있지만, 생식세포의 유전자를 교정하는 것에 따른 윤리적 논란과 이른바 '맞춤 아기' 등의 문제를 안고 있다. 이에 따라 이 같은 논란을 극복하기 위한 사회적 논의가 요구되고 있다.

원하는 대로 디자인⋯맞춤 아기

미국에서 세 부모 아기 시술은 현재까지 여전히 불법이다. 다만 2016년 미국 한림원에서는 제한적인 조건에서의 세 부모 아기 시술에 대한 임상연구는 진행되어야 한다는 의견을 미국 FDA에 보고했다. 여러 제안 사항 중 가장 핵심적인 내용은 다음과 같다. 미토콘드리아 유전병을 자손에게 물려 줄 확률이 크고, 아이가 이 질병을 물려받아 조기 사망 등의 치명적인 결함을 안게 될 경우에는 세 부모 아기 시술을 허용해야 한다는 것이다. 현재 세 부모 아기 시술을 합법적으로 인정한 나라는 영국이 유일하다. 영국에서는 2023년 5월 세 부모 아기 시술을 통해서 첫 번째 아이가 태어나기도 했다. 미국이 과학계의 의견을 받아들이고, 영국 정부처럼 세 부모 아기 시술을 승인할지는 아직 미지수다.

앞서 세 부모 아기 시술이나 유전자 가위를 활용한 치료 방법이 사실상 미토콘드리아 유전병의 근본적인 치료법임에도 불구하고, 전 세계적으로 이에 대한 상용화가 더딘 이유는 크게 다음과 같다. 먼저 세 부모 아기 시술은 불임 부부에게는 희소식이지만, 생물학적 부모가 세 명이라는 점에서 논란의 여지가 있다. 또 엄마의 핵을 미토콘드리아를 기증한 여성의 핵과 바꾸는 일명 '세포핵 치환'이 인간배아의 파괴라는 점에서 가톨릭 등 종교계의 반발을 사고 있다. 따라서 이에 대한 생명윤리 측면의 사회적 합의가 필요한 시점이다.

여기에 더해 유전자 가위 기술을 활용한 난자 세포 교정은 생명윤리 논란뿐만 아니라, '맞춤 아기' 탄생의 우려도 제기되고 있다. 쉽게 말해 유전자 가위 기술이 질병 유전자를 제거하는 것이 아니라 오히려 특정 유전자를 강화하는 쪽으로 오용될 수 있다는 주장이다. 미토콘드리아 DNA에서 특정 유전자를 제거할 수 있을 정도의 기술력이라면, 핵 속에 존재하는 DNA에 특정 유전자를 끼워 넣거나 강화할 수도 있다는 것이다.

예를 들면 아기의 키나 지능과 관련한 유전자를 유전자 가위 기술을 이용해 더 강화하는 쪽으로 조작할 수 있을 것이다. 태어나기도 전에 부모가 아기를 디자인하는 경우가 생기는 것이다. 이것이 만약 허용된다면 돈이 많은 부모는 '슈퍼 아기super baby'를 얻을 수도 있을 것이다. 더 나아가 부모의 경제력이 유전적 차별화를 불러오고, 결과적으로 유전적으로 우성과 열성으로 나뉘는 유전자 계급 사회를 불러올 수도 있다.

2003년 프랜시스 후쿠야마Francis Fukuyama 미국 스탠퍼드 대학 교수는 저서 『부자의 유전자 가난한 자의 유전자: Human Future

Our Post human Future: Consequences of the Biotechnology Revolution』에서 유전자 계급 사회와 이로 인한 몇 가지 문제점을 지적했다. 후쿠야마 교수는 바이오 기술의 상업화가 부자의 유전자와 가난한 자의 유전자 질서를 고착화하고, 사회를 반자유주의 체제로 전락하게 만들 것으로 전망했다. 그러나 후쿠야마 교수가 지적한 유전자 계급 사회가 쉽게 도래하지는 않을 것이다. 현재도 유전자 가위를 생식세포, 수정란, 배아 등에 적용하는 것은 전 세계적으로 엄격하게 제한하고 있으며 질병 치료라는 특수한 목적에 한해 일부 국가에서만 허용하고 있기 때문이다.

그렇다면 유전자 가위 기술을 어떻게 바라봐야 할까? 무조건 좋은 기술이라고만 할 수도 없고, 그렇다고 이 기술의 발전을 억제하는 것만이 능사는 아닐 것이다. 이전에는 불가능했던 새로운 기술이 개발되었을 때, 이를 어떻게 받아들여야 할지에 대해서는 많은 사회적 고민이 필요하다. 핵분열 기술은 원자력 발전의 밑거름이 되기도 했지만, 한편으로 원자폭탄의 기폭제가 되기도 했다. 신기술이 개발될 때마다 인류는 항상 이런 양날의 검의 위험에 노출됐다.

하지만 역사를 살펴보면 언제나 그랬듯 인류는 신기술을 자신에게 혜택을 주는 쪽으로 발전시켜 왔다. 유전자 가위 기술도 마찬가지일 것이다. 다만, 이 기술이 이전에는 없었던 획기적인 신기술이라는 점에서 이 기술의 연구를 어느 수준까지 허용하고 또 어떤 범위에까지 적용할지에 대한 충분한 고민이 필요할 것이다. 이러한 깊이 있는 고민을 거쳐서 인류에게 부작용은 최소화하고 혜택은 최대화하는 쪽으로 가능한 한 빨리 결론을 내는 것이 중요하다.

1980년대에 처음 체외 수정이라고도 불리는 시험관 아기 시술in vitro fertilization이 등장했을 때에도 시험관 아기를 생명체로 볼 것이냐, 아니냐에 대한 생명윤리 논란 등 여러 반대의 목소리가 있었다. 하지만 현재 시험관 아기 시술은 수많은 불임 부부에게 새로운 희망이 되었다. 1978년 7월 25일 세계 최초의 시험관 아기 루이스 브라운Louis Brown이 태어난 이후, 전 세계적으로 400만 명이 넘는 아기들이 이 방법을 통해 태어난 것으로 추정되고 있다.

유전자 분석 '인간 유전체 프로젝트'

1984년 미국 정부는 담대한 프로젝트 추진을 승인했다. 이 프로젝트에는 미국을 비롯해 영국과 일본, 프랑스, 독일, 스페인, 그리고 중국 등 7개국이 참여했다. 그리고 미국의 한 바이오 전문기업이 프로젝트 추진에 중요한 역할을 하였다. 프로젝트는 1990년에 시작되어, 공식적으로 2003년에 종료됐다. 바이오 분야 역사상 가장 큰 규모의 국제 공동연구인 '인간 유전체 프로젝트'다.

인간 유전체 프로젝트는 인간의 DNA를 구성하는 모든 염기의 서열, 즉 DNA 염기가 어떤 순서로 배열됐는지를 규명한 프로젝트이다. 이 프로젝트의 염기서열 초안은 2000년에 발표됐다.

당시 프로젝트를 통해 규명된 인간 DNA의 염기서열은 한 사람의 DNA를 온전히 분석한 것은 아니었다. 인간 DNA를 일정 부분으로 나눈 뒤 각각을 참여국들이 분석하고, 이를 조합해 인간 전체의 공통된 DNA 염기서열 분석을 완성한 것이다. 실제로 한 개인의 유전체 전체를 분석한 것은 2007년에야 이뤄졌는데, 그 대상자는 DNA 이중 나선 구조를 규명한 제임스 왓슨이었다.

인간 유전체 프로젝트는 몇 가지 중요한 사실을 밝혀냈다. 첫째, 인간의 유전자는 대략 2만 2,300개이다. 둘째, 척수 동물 간의 염기서열 차이는 7% 미만이다. 인간과 원숭이의 유전자 차이가 7%도 채 되지 않는다는 말이다. 인간과 원숭이의 차이가 그 정도밖에 안 된다는 점은 사람과 사람, 즉 개인 간의 유전자 차이는 이보다 훨씬 적다는 것을 의미한다(인간과 침팬지는 유전자의 98.5%가 같고 사람들 간에는 99.5%가 같다). 같은 종(種)끼리는 유전자 차이가 극히 일부에 그친다는 것이다. 그만큼 공통 유전자가 많다는 뜻이고, 반대로 아주 적은 차이, DAN 염기서열 하나의 차이가 실제로는 많은 변화를 불러올 수도 있다는 것을 의미한다.

이 인간 유전체 프로젝트에는 천문학적 비용이 투입되었다. 30억 달러, 대략 3조 6천억 원에 달하는 어마어마한 비용이다. 이는 사람의 DNA를 분석하는 비용이 상상을 초월했다는 뜻이다. 앞서 제임스 왓슨이 세계 최초로 온전히 자신의 유전자를 분석한 사람이라고 소개했는데 2007년 당시 왓슨의 유전자 분석 비용은 100만 달러, 우리 돈으로 12억 원 정도였다. 이후 2010년엔 이 비용이 천 달러까지, 2023년에는 대략 200달러까지 떨어졌다.

이처럼 유전체 분석 비용이 획기적으로 떨어진 것은 유전자를 분석하는 기술이 비약적으로 발전했기 때문이다. 일명 차세대 유전자 분석Next Generation Sequencing, NGS이라고 불리는 유전체 분석 기술이 개발되면서 유전자 분석의 새로운 시대가 열린 것이다. 천 달러보다도 낮은 가격에 DNA 분석이 가능해지면서 과학자들은 개인의 유전정보를 바탕으로 한 맞춤 의학 또는 정밀 의학 시대가 본격화 될 것으로 전망했다. 개인의 유전자 정보를 분석해, 개인별로 발병 위험이 있는 질병을 예측하고, 환자별로 맞춤형 치료나 의약품을 제공하겠다는 것이다. 유전체 분석 비용은 5년 이내에 100달러 수준, 혹은 그 이하까지 내려갈 것으로 보인다.

인간의 유전자 분석 비용이 이전과는 비교할 수 없을 정도로 대폭 떨어지면서, 바이오 산업도 새로운 국면을 맞이하고 있다. 글로벌 IT 기업들이 본격적으로 바이오 시장에 진출한 것이다. 사람의 DNA는 30억 개의 염기로 이뤄졌다고 앞서 설명했다. 이 말은 한 사람의 유전정보가 엄청난 양의 데이터를 갖고 있음을 의미한다. IT 기업은 포털이나 SNS 등을 통해 수집한 엄청난 양의 고객 정보, 즉 데이터를 분석하고 처리하는 노하우know-how가 있다. 바로 이 노하우가 유전자 분석 정보와 결합하면서, 새로운 서비스와 먹을거리를 창출해 낼 것이라는 전망이다.

IT 산업이 정점을 찍으면서 산업 트렌드가 IT에서 BTBio Technology로 전환될 것이라고 많은 전문가가 분석하고 있다. 이 대전환과 맞물

리면서, IT 기업의 BT 사업화는 앞으로 더 가속화 될 것으로 전망된다. 우리나라의 대표적인 IT 기업들 역시 이미 바이오 사업에 뛰어들었으며, 앞으로 그 규모는 더욱 커질 것이다.

이렇게 유전자 분석 비용이 떨어지고, 관련 비즈니스가 폭발적으로 발전하게 되면 개인들에게 장점만을 가져다 주게 될까? 유전자 분석을 통해 혹시 모를 질병 발병 위험이 있는 유전자를 조기에 찾아낸다면 개인의 건강에 분명 도움이 될 것이다. 질병 조기 발견의 사례는 유전자 분석을 통해 얻을 수 있을 수많은 혜택 가운데 일부일 뿐이다.

하지만 이런 측면도 고려해 봄직하다. 모든 사람의 유전자 정보를 다 알게 된다면, 어떤 사람이 유전적으로 우수한지, 또 어떤 사람은 유전적으로 덜 우수한지에 대한 정보도 알 수 있게 된다. 여기서 말하는 유전적으로 우수하다는 말은 질병에 걸릴 확률이 상대적으로 낮다거나 지능이 상대적으로 높다거나 하는 것을 의미한다. 개인의 유전자 정보를 비밀에 부친다고 해도 이런 유전자 정보를 회사의 특정 부서나 특정인이 열람할 수 있다면, 유전적 우월성에 따라 승진 등 인사에 있어서 부당한 대우를 받을 수도 있다. 아직은 실현되지 않은 먼 미래의 일이지만, 이런 일이 발생하는 것이 불가능한 것만도 아니다.

또 한 가지 위험이 있다면, 개인의 유전자 정보를 해킹해 이를 돈벌이 수단으로 이용하려는 새로운 범죄가 생길 수도 있다. 어떤 사람의 유전정보를 해킹해 이를 결혼 정보 시장에 판매한다거나, 특정 유명

인사의 유전정보를 해킹하여 경쟁 관계에 있는 인물이나 업체에 판매하는 일들이 벌어질 수도 있다. 그래서 유전자 분석 기술의 발전과 함께 고려해야 할 점이 있다면 어떻게 하면 분석된 유전자 정보를 안전하게 보호하느냐 하는 문제이다.

유전자 합성···GP-Write

보석 호박 안에 모기가 갇혔다. 이 모기는 쥐라기 시대 공룡의 피를 빨아 먹은 모기다. 모기가 호박에 갇힌 뒤 수억 년이 흐른 현대, 과학 자들이 호박에서 모기의 사체를 꺼내고 모기의 핏속에서 공룡의 피를 분리한다. 그리고 그 피에서 공룡의 DNA를 추출한 뒤 이 DNA를 바탕으로 인공적으로 공룡을 만들어 낸다. 영화 〈쥐라기 공원〉(1993 년)의 줄거리다.

영화에서처럼 유전자를 이용해 특정 생명체를 만들어 내는 것이 가능할까? 이를 위해서는 우선 유전자를 인공적으로 합성할 수 있어야 한다. 이와 관련해 흥미로운 사건이 최근 미국에서 진행됐다. 인간 유전체 프로젝트 초안이 발표된 지 16여 년이 지난 어느 날, 미국의 하버드대에서는 전 세계 과학자 150여 명이 참석한 가운데 일종의 비밀회의가 열렸다. 여기서 비밀회의라고 말하는 이유는 주최 측이 특정 과학자들에게만 초대장을 보내고 비공개적으로 모여 회의를 진행했기 때문이다.

이 회의의 주요 안건은 인간의 유전체를 인공적으로 합성해 내겠다는 것이었다. 2000년 인간 유전체 프로젝트 초안이 인간의 유전자 염기서열을 규명했다면, 이번 프로젝트는 이보다 진일보한 것으로, 인간의 유전자 전체를 10년 안에 만들어 내겠다는 것이다. 이 프로젝트의 명칭은 '인간 유전체 프로젝트 라이트Human Genome Project-Write, GP-Write'이다. 여기서 Write은 인간이 염기서열을 새롭게 쓴다는 뜻으로, DNA 염기서열을 인공적으로 합성하겠다는 것을 목표로 한다는 뜻이다.

이 프로젝트는 미국 하버드 대학의 조지 처치George Church 교수가 주도했다. 처치 교수가 주도한 이 프로젝트의 골자가 언론에 알려지면서 과학계 안팎으로 비상한 관심을 끌었다. 프로젝트의 궁극적인 목표는 결국 인간의 유전자를 합성하겠다는 것으로 귀결되는데, 이에 대한 긍정론과 부정론을 동시에 불러왔기 때문이다. 이 프로젝트에 긍정적인 반응을 보이는 사람들은 DNA를 합성해 내기만 하면 이식에 필요한 장기를 만들어 낼 수 있다며 찬성하고 있으며, 부정적인 반응을 보이는 사람들은 DNA를 합성이 생물학적 부모가 없는 인간을 창조할 수 있게 된다며 이것이 생명윤리 등의 문제를 불러올 수 있다고 우려하고 있다.

사람이 유전정보의 비밀을 규명하고(인간 유전체 프로젝트), 이를 바탕으로 유전자의 염기서열을 그대로 합성해 낸다면(인간 유전체 프로젝트 라이트), 인간이 인간을 인공적으로 창조하는 것도 불가능한 것은 아닐 것이다. 비밀회의가 하버드 대학에서 열리기에 앞서 이 같은 윤리적인 문제 때문에 이 회의에 초청을 받고도 참석을 거부한 과학자들도 있었다. 논란에 대해 조지 처치 교수는 이 프로젝트의 목표가 인간을 만들어 내는 데에 있는 것이 아니라, 생물 세포 전반에 걸쳐 유전체 합성 능력을 높이는 데 있다고 해명했다.

이후 2018년 인간 유전체 라이트를 추진했던 핵심 과학자들이 다시 한 번 보스턴에 모였다. 이곳에서 이들은 중대한 결정을 내렸는데, 바로 유전체 라이트 프로젝트의 목표를 변경한 것이다. 원래 목표는 인간의 모든 DNA를 합성하는 것이었는데, 변경된 목표는 바이러스에 저항성을 가진 인간 세포를 만들어 내는 것이 되었다. 한마디로 바이러스에 감염되지 않는 일종의 슈퍼 세포를 합성하겠다는 것인데, 그 핵심은 유전자를 새롭게 만들어 내는 데에 있다.

방법은 이렇다. 바이러스가 인간 세포에 감염되면 생존을 위해 단백질을 만들어 내야 한다. 그러나 바이러스는 스스로 단백질을 만들 능력이 없어 인간 세포 내에서 단백질을 만드는 데 필요한 여러 물질을 활용한다. 이 점을 이용하여 인간 세포의 유전자를 새롭게 디자인하고 합성해 바이러스가 이런 물질들을 활용하지 못하도록 만드는 것이다.

이러한 연구 목적에 공감하는 17개 국가, 100여 개의 기관, 300여 명의 과학자가 현재 유전체 라이트 프로젝트에 참여하고 있으며, 매년 학회를 열어 서로의 연구 결과를 공유하고 있다.

　바이러스에 감염되지 않는 세포를 인간이 만들게 되면, 우선 바이오의약품을 이전보다 더 안정적으로 생산할 수 있다. 생산과정에서 인간 세포가 바이러스에 감염될 가능성을 원천적으로 차단한다는 것이다. 이것은 단기적인 관점에서 바라본 기대 효과이며, 인간의 세포가 바이러스에 감염되지 않게 된다면, 궁극적으로 바이러스에 감염되지 않는 특정 장기를 만드는 것 역시 불가능한 일만은 아닐 것이다.

유전자 디자인…인공 생명체

인간 유전체 프로젝트 라이트는 인간의 유전자를 인공적으로 합성해 내겠다는 목적을 가지고 있었다. 이와 비슷하지만 성격이 조금 다른 바이오 분야가 있는데, 인공 생명체가 바로 그것이다.

인공 생명체를 향한 위대한 여정의 시작은 1995년으로 거슬러 올라간다. 인간 유전체 프로젝트를 주도했던 크레이크 벤터 박사의 연구팀은 마이코플라즈마 제니탈리움_Mycoplasma genitalium_이라는 미생물의 유전체를 해독했다. 이 미생물은 아주 단순해서 단지 525개의 유전자로만 이루어져 있는데, 흥미로운 점은 이 미생물이 가지고 있는 유전자 중 100개 정도의 유전자는 생존에 필수적인 유전자가 아니라는 점이다. 쉽게 말해 500여 개에서 100개 정도를 제외한 400여 개 정도의 유전자로도 이 미생물이 살아갈 수 있다는 이야기다.

이들은 이 단순한 생물을 직접 합성해 내는 것을 꿈꿨다.

벤터 박사팀의 첫 번째 목표는 마이코플라즈마 제니탈리움의 유전체 전체를 인공적으로 합성해 내는 것이었다. 그런데 연구팀은 한 가지 문제점에 봉착한다. 이 미생물이 자연 상태에서 DNA를 복제하는 데 대략 16시간 정도의 시간이 걸린다는 점이다. 이 말은 마이코플라즈마 제니탈리움의 DNA를 합성해 낸다고 해도, 그 결과를 확인하는 데까지 수주일이 걸린다는 것을 뜻한다.

이 문제를 해결하기 위해 벤터 박사팀은 합성하고자 하는 미생물을 마이코플라즈마 제니탈리움에서 마이코플라즈마 마이코이데스 *Mycoplasma mycoides*로 바꿨다. 마이코이데스는 제니탈리움보다 훨씬 빨리 DNA를 복제하지만, 제니탈리움보다 유전자 수가 조금 더 많다. 벤터 박사팀은 마이코이데스의 유전자를 모두 합성한 뒤 이 합성 유전체를 마이코플라즈마 카프리콜롬*Mycoplasma capricolum*이라는 미생물에 집어넣었다.

쉽게 말해 유전체 이식을 한 것인데, 카프리콜롬은 이식받은 DNA를 부서뜨리지 않는다는 특징이 있는 반면 합성 마이코이데스의 유전자는 원래 있던 카프리콜롬의 유전자를 부수는 단백질을 만들어 낸다. 이 방식으로 탄생한 합성 생명체는 결국 마이코이데스가 만들어 내는 단백질만 만들어 내게 된다. 쉽게 말해 겉모습은 카프리콜롬이지만, 내용은 마이코이데스인 인공 생명체가 탄생한 것이다.

연구팀은 이 인공 생명체를 'JCVI syn1.0'이라고 명명했는데 이것의 유전자 수는 901개다. JCVI는 제이 크레이그 벤터 연구소라는 뜻이고, syn1.0은 인공적으로 합성한 생명체 1호라는 의미다. 이 연구가 지난 2010년 이뤄졌다. 인공 생명체에 시민권이 있다면 JCVI syn1.0이 그 첫 번째 주인공인 셈이다. 이 프로젝트에 들어간 돈이 4천만 달러, 우리 돈으로 480억 원 정도가 된다.

그 후 6년이 지난 2016년, 벤터 연구팀은 JCVI syn3.0을 세상에 공개한다. 이 인공 미생물은 syn1.0의 유전자를 절반 정도로 줄였다. 생존에 불필요한 유전자 428개를 없애고 생존에만 필요한 473개의 유전자를 지닌 인공 생명체를 만든 것이다. 이들 유전자는 RNA 전사와 단백질 합성 등 생명 현상에 핵심적인 역할에 관여하지만, 이 중 149개의 유전자는 정확히 어떤 기능을 수행하는지 알지 못한다.

연구팀은 이들 유전자가 밝혀지지는 않았지만, 생명 현상 유지에 필수적인 역할을 할 것으로 추측했다. 벤터 박사는 JCVI syn3.0을 유전체 라이트급 세계 챔피언이라고 불렀다. 인간의 유전자는 2만 개에서 2만 5천 개 사이이며, 대장균의 유전자는 약 4,500개, syn1.0의 경우 901개, 자연계에 존재하는 가장 작은 유전자를 지닌 마이코플라즈마 제니탈리움은 525개, syn3.0은 473개의 유전자를 가지고 있다. 이로부터 5년이 지난 2021년에 연구팀은 세포분열에 관여하는 유전자 7개를 포함한 19개의 유전자를 syn3.0에 더해 JCVI syn3A를 공개했는데, 총 유전자 492개의 이 인공 미생물은 스스로 증식까지 할 수 있는 능력을 보였다.

생명을 구성하는 기본 단위는 세포다. 이 세포 안에는 여러 개의 소기관이 존재한다. 앞서 언급했던 바와 같이 이들 소기관 중 '핵'이라는 소기관은 유전물질인 DNA를 보관하는 기능을 수행한다. DNA가 세포 속에서 잘 보관될 수 있도록 특별한 공간을 마련해 안전하게 보존하는 것이다. 인간 세포에도 핵이 있어, DNA를 보관하고 있다. 인간뿐만 아니라 동물과 식물 등은 모두 세포 안에 핵을 갖고 있다. 이렇게 핵을 가진 세포를 진핵세포eukaryote라고 부른다.

이에 반해 핵이 없는 세포도 있다. 대표적인 것이 세균인데, 이들은 핵이 등장하기 이전의 세포라는 뜻에서 원핵세포prokaryote라고 부른다. 진화적으로 세포는 원핵세포에서 진핵세포로 발전했다. 그래서 진핵세포의 유전체는 원핵세포의 유전체보다 훨씬 더 복잡하다.

진핵세포 중에서 가장 단순한 세포를 꼽는다면 효모yeast를 말할 수 있다. 효모는 우리의 식생활과도 밀접한 관련이 있는데, 맥주를 발효하거나 빵을 만들 때 쓰는 미생물이 바로 효모다. 식품 발효 이외에도 효모는 생명공학 연구에 자주 쓰이는 대표적인 미생물이다. 진핵생물이면서도 단순하기 때문인데, 원핵세포의 대표인 대장균과 함께 실험실에서 가장 많이 사용되는 미생물로 볼 수 있다.

크레이그 벤터 박사팀이 원핵생물인 마이코플라즈마에 관심이 많았다면, 진핵생물인 효모의 DNA를 합성하는 데 관심을 둔 과학자 그룹이 있다. 유전체 라이트 프로젝트의 주요 인사 중 하나인 제프 보에크Jef Boeke 미국 뉴욕대 랭군의학센터 교수가 주도하는 국제 공동연구진이다. 연구진은 2007년부터 효모의 유전체를 인공적으로 합성하는 연구를 시작했다. 7년이 지난 2014년 연구진은 효모의 16개 염색체 가운데 3번 염색체를 합성하는 데 성공했으며, 이후 2017년에는 2번, 5번, 6번, 10번, 12번 등 5개의 염색체를 추가로 만들어 냈다. 효모의 염색체 16개 가운데 총 6개의 염색체를 인공적으로 합성한 것이다. 이후 합성한 염색체를 효모에 넣어 원래 효모의 염색체와 바꾸었는데, 이 효모가 정상적인 생명 현상을 유지했다.

연구진은 앞으로 나머지 염색체도 모두 합성해 100%의 인공 유전자를 지닌 효모를 만들 계획이다. 이렇게 만든 효모를 'Sc2.0Synthetic Yeast 2.0'이라고 부른다. Sc2.0는 최초로 인간과 같은 진핵세포의 유전자를 인공적으로 합성해 내고, 그 유전자가 생명체 내에서 정상적으로 작동하는 것을 확인한다는 것에 그 의미가 크다. 연구진은 2020년에 발행한 논문에서 이후 Sc3.0을 통해 효모의 게놈을 최소화하고 염색체를 '프로그래밍'하는 작업까지 이어나갈 것으로 자신했다.

이는 중요한 의미를 내포하는데 효모, 즉 진핵세포의 유전체를 합성했다는 점에서, 같은 진핵세포인 인간의 유전체 합성에도 한 발짝 더 접근했다는 점이다. 물론 인간의 유전체는 효모와는 비교할 수 없을 정도로 복잡하다. 인간 유전체 프로젝트 라이트에서도 설명했듯이 이 같은 일이 현실화되기 위해서는 아직 많은 시간과 노력이 필요할 것이다.

II
퇴행성 뇌질환

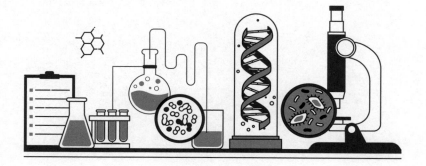

100세 시대를 맞이한 인류에게 행복한 노후를 가로막는 가장 큰 걸림돌이 된 것 중 하나는 바로 치매다. 치매는 우리 뇌에서 기억과 관련한 신경세포가 파괴되어 발병하는 퇴행성 뇌질환이다. 퇴행성 뇌질환이라는 말은 뇌 신경세포의 사멸이나 점진적인 퇴행으로 인해 발병하는 질병이라는 의미다.

신경세포는 우리 몸의 신경계를 구성하는 기본 단위로 특별히 뉴런Neuron이라고 부른다. 신경세포의 특징 가운데 하나는 그 자신이 재생되거나 대체되지 않는다는 점이다. 이런 점에서 신경세포가 파괴되는 퇴행성 뇌질환은 사실상 치료가 어려운 질병으로 꼽힌다.

그동안 치매를 일으키는 원인에 대한 몇 가지 대표적인 가설이 대두되기는 했지만, 이에 근거한 신약 개발이 모두 임상시험 단계에서 실패했다. 이 같은 사실은 치매 완치의 전망을 어둡게 하는 한 요인으로 작용하고 있다.

하지만 최근 치매가 많이 진행되기 이전에 임상시험을 진행해야 한다는 연구 지침이 미국에서 마련되면서, 치매 치료제 개발에 청신호가 켜졌다. 치매 편에서는 신약 개발의 실패에도 불구하고 치매 치료에 희망을 품을 수 있게 된 몇 가지 획기적인 방법에 대해 살펴볼 것이다.

한편 무하마드 알리를 무릎 꿇린 파킨슨병은 치매와 함께 대표적인 퇴행성 뇌질환으로 알려져 있다. 치매가 기억 세포와 관련이 있다면 파킨슨병은 도파민을 분비하는 신경세포와 밀접한 관련이 있다.

파킨슨병 역시 현재까지 병을 완치하는 개념의 치료제는 개발되지 못했다. 그러나 현재 관련 연구가 활발히 진행되고 있다는 점에서 조만간 파킨슨병 치료에 대한 새로운 돌파구가 마련될 것으로 기대된다. 특히 빛과 화학물질 등을 이용한 최신 치료 기술이 그 대안으로 부상하고 있다.

3. 치매

머릿속 지우개 치매…원인은?

"나는 최근 내가 알츠하이머병으로 고통 받는 수백만 명의 미국인 가운데 한 명이라는 사실을 알게 됐습니다. 이런 사실을 알고 난 후 나와 나의 아내 낸시는 개인으로서 이 사실을 숨길 것인지, 아니면 대중에게 공개할 것인지를 결정해야 했습니다. 과거 낸시는 유방암을 앓았었고, 나 또한 암 수술을 받은 적이 있습니다. 우리는 이 같은 사실을 대중에게 공개함으로써 암에 대한 대중의 인식을 높일 수 있다는 점을 알았습니다. 그리고 이를 통해 많은 사람이 암 진단을 받게 됐다는 점에 기뻤습니다. 그들은 조기에 진단을 받았고, 다시 건강한 삶으로 돌아올 수 있었습니다.

이제 우리는 알츠하이머병을 공개하는 것이 중요하다고 생각합니

레이건 레터 / ⓒ레이건재단

다. 우리는 이 병에 대한 더 큰 관심이 유발되기를 소망합니다. 이를 통해 이 병으로 고생하는 환자와 그 가족에 대한 이해가 높아질 것입니다. 불행히도 알츠하이머병이 진행되면 가족들은 크나큰 짐을 짊어지게 됩니다. 나는 내 아내 낸시가 이런 고통스러운 경험에서 벗어날 어떠한 방법이 있기를 바랍니다. 그때가 오면 여러분의 도움으로 낸시는 희망과 용기를 가지고 이를 극복할 수 있을 것입니다."

1994년 11월 5일, 전 미국인의 마음을 울렸던 이 담화문의 주인공은 1981년부터 1989년까지 제40대 미국 대통령으로 재임한 로

널드 레이건Ronald Reagan이었다. 그는 1994년 알츠하이머성 치매 Alzheimer's disease 진단을 받았고, 오랜 고민 끝에 본인이 치매에 걸린 사실을 대중에게 공개하기로 했다. 미국 대통령을 역임한 저명인사가 치매와 같은 치명적인 질병을 앓고 있다는 사실을 고백하는 것은 쉬운 일이 아니다.

담화문에도 나와 있듯이 레이건은 자신이 치매에 걸렸다는 사실을 대중에게 알림으로써 더 많은 사람이 치매에 관심을 두고, 연구도 활발히 진행되기를 바랐기 때문에 치매에 걸렸다는 사실을 고백했다. 실제로 치매 치료 방법을 찾기 위해 레이건과 그의 아내 낸시는 미국 국립 알츠하이머병 재단과 함께 '로널드 앤 낸시 레이건 연구소 Ronald and Nancy Reagan Research Institute'를 1995년 창설했다.

치매는 기억을 담당하는 신경세포가 파괴되어 점차 기억을 잃어가는 퇴행성 뇌질환이다. 이 병이 무서운 것은 환자 본인이 고통을 받는 것은 말할 것도 없고, 환자가 가족을 알아보지 못하게 된다는 점에서 가족들이 겪는 고통도 크다는 것이다. 레이건이 담화문에서 아내 낸시에게 큰 짐이 지워졌다고 말한 것도 바로 이 때문이다.

전 세계적으로 인구가 고령화되면서 치매 인구도 급격히 늘어날 것으로 전망된다. 오는 2050년이면 인구 85명당 1명 꼴로 알츠하이머성 치매가 발병할 것으로 예측된다. 이런 이유로 인해 치매 근본 치료제 개발은 매우 시급하며 중요한 문제라고 할 수 있다. 하지만 현재 치매를 치료하는 근본적인 의약품은 없다. 지난 수십 년간 이뤄진 치매 관련 연구에도 불구하고 치매 치료제가 개발되지 못한 이유는 무엇일까? 수차례 이뤄진 대규모 임상시험의 실패는 치매 치료에 대한 회의론으로 이어지게 될까? 수조 원의 연구개발에도 불구하고 아직까지 극복해 내지 못한 치매의 주요 원인은 과연 무엇일까? 이를 알아보기 위해 치매에 대해서 먼저 알아보도록 하자.

치매에도 종류가 있다는 것을 알고 있는가? 치매는 크게 알츠하이머성 치매(알츠하이머병)와 혈관성 치매, 두 종류로 구분된다. 전체 치매의 약 70%를 차지하는 것은 알츠하이머성 치매로, 기억 세포가 파괴되는 치매를 이야기한다. 혈관성 치매는 남은 30% 정도를 차지하는데, 뇌혈관의 손상으로 야기되는 치매를 이야기한다. 그러나 그 원인이 신경세포 손상인지, 아니면 뇌혈관 손상인지와 관계 없이 그 기작mechanism은 거의 동일하기 때문에, 일반적으로 치매라고 하면 알츠하이머성 치매를 떠올리는 경우가 많다.

1906년 독일의 정신과 의사 알로이스 알츠하이머Alois Alzheimer가 이 병의 증상을 처음으로 기술한 뒤, 그의 이름을 따 알츠하이머성 치매, 일명 알츠하이머병으로 명명됐다. 알츠하이머성 치매는 크게 65세 이상의 노인에서 발병하는 치매와, 이보다 훨씬 이른 2~30대에 발병하는 치매로 나뉜다. 이 중 젊은 나이에 발병하는 알츠하이머성 치매는 전체 알츠하이머성 치매의 약 5%에 불과하다.

젊은 층에서 일어나는 치매는 주로 유전적 요인에 기인한다. 쉽게 말해 젊은 층의 치매 환자 대부분은 부모로부터 알츠하이머성 치매를 일으키는 돌연변이 유전자를 물려받았다는 이야기이다. 이 유전자는 21번 상염색체에 존재하는 유전자로, 아밀로이드 전구 단백질 amyloid precursor protein 유전자이다. 아밀로이드 전구 단백질은 줄여서 APP라고 부르는데, 유전적으로 APP에 결함이 있는 경우 20~30대에 알츠하이머성 치매가 발병하게 된다.

아밀로이드 전구 단백질은 우리 몸 안에서 아밀로이드 베타 단백질 amyloid beta peptide로 전환되는 물질이다. 아밀로이드 베타가 만들어지는 데에는 베타 시크리테이즈 beta secretase와 감마 시크리테이즈 gamma secretase라는 2개의 단백질이 필수적인 역할을 한다. 이 2개의 단백질은 차례대로 아밀로이드 전구 단백질을 절단하는데, 이 과정을 거쳐 아밀로이드 전구 단백질이 아밀로이드 베타 단백질로 전환되는 것이다.

젊은 층의 알츠하이머성 치매는 APP에 돌연변이가 발생해 아밀로이드 베타 단백질이 필요 이상으로 많이 만들어져 생긴다. 65세 이상 노년층에서 발병하는 알츠하이머성 치매의 경우 APP 유전자에 돌연변이가 일어난 경우는 아니다. 그런데 흥미로운 점은 노령의 치매 환자가 사망한 이후에 그들의 뇌를 분석해보면 이들에게도 아밀로이드 베타 단백질이 많이 존재한다는 것을 확인해볼 수 있다는 점이다. 젊은 층에서 발병하는 알츠하이머성 치매나 65세 이상 노인에게서 발병하는 알츠하이머성 치매 모두 아밀로이드 베타가 다수 존재한다는 공통점이 있는 것이다.

아밀로이드 베타는 서서히 뇌 안에서 생성된 후 응집하여 신경세포를 파괴한다. 이렇게 다수의 아밀로이드 베타가 응집해 덩어리 형태로 존재하는 것을 아밀로이드 베타 플라크plaque라고 부른다. 아밀로이드 베타는 뇌 신경세포 바깥에 쌓여 신경세포에 독성을 끼치는데, 치매 환자의 뇌 조직을 잘라서 염색해 보면 아밀로이드 베타 덩어리인 플라크가 보인다. 또 실험을 통해 아밀로이드 베타 플라크를 만들어서 신경세포에 처리하면 신경세포가 죽는 것을 볼 수 있다. 이런 점에서 아밀로이드 베타 플라크는 알츠하이머성 치매를 일으키는 주범으로 지목되고 있는데, 이런 관점을 아밀로이드 가설amyloid hypothesis이라고 부른다.

1991년 영국 유니버시티 칼리지 런던의 존 하디John Hardy 교수는 APP 돌연변이가 치매의 유전적 요인이라는 것을 처음으로 규명했다. 하디 교수의 발견 이후 아밀로이드 베타에 대한 연구가 많이 진행되었고, 그의 연구 성과는 아밀로이드 가설의 뿌리가 됐다. 존 하디 교수는 그 공로로 2015년 '브레이크스루 생명과학상Breakthrough Prize in Life Sciences'을 수상했다. 브레이크스루상은 실리콘밸리의 노벨 과학상이라고도 불리는 상으로, 이 상을 받은 과학자들 중 실제로 노벨상을 받은 이들도 꽤 많다.

과학자들이 치매의 주범으로 주목하는 또 다른 범인은 바로 '타우tau' 단백질이다. 타우 단백질은 평상시 인산기phosphate가 붙는 '인산화phosphorylation'가 정상적으로 일어나는 단백질이다. 그런데 타우 단백질의 인산화가 지나치게 많이 일어나면 타우 단백질끼리 뭉치게 되는데, 이렇게 뭉친 타우 단백질이 신경세포를 죽이게 된다. 과도한 인산화가 문제가 되는 것이다.

아밀로이드 베타는 신경세포 밖에서 플라크를 이루며 문제를 일으키지만, 타우 단백질은 아밀로이드 베타와 달리 세포 안에서 침착이 일어난다. 타우 단백질의 과도한 인산화를 알츠하이머성 치매의 원인으로 보는 시각을 '타우 가설tau hypothesis'이라고 부른다.

한편 아밀로이드 베타 플라크가 형성되면 이것이 타우의 인산화를 촉진하고, 결과적으로 신경세포를 죽게 한다는 관점도 있다. 이 관점은 알츠하이머성 치매 발병의 흐름을 아밀로이드 베타 플라크가 먼저이고, 이후 타우의 인산화가 이루어지는 것으로 본다. 반면 아밀로이드 베타와 타우 인산화가 서로 독립적으로 일어나는 것으로 보는 시각도 있다. 이에 따라 치매의 시작점이 아밀로이드 베타이냐, 아니냐를 두고도 과학계에서는 논란이 일고 있다.

또, 다른 이들은 당뇨병을 알츠하이머성 치매의 원인으로 주목하고도 있다. 우리 몸의 인슐린이 제 기능을 하지 못해 발병하는 당뇨병과 머릿속 기억 세포가 파괴되는 치매는 얼핏 보면 별 연관성이 없어 보인다. 그렇다면 알츠하이머성 치매와 당뇨병은 어떤 연관성이 있는 것일까?

인슐린이 생성되지 않는 1형 당뇨병의 경우 인슐린 결핍이 장기 기억 능력을 악화시킨다. 이로 인해 기억 기능에 문제가 발생할 수 있다. 2형 당뇨병의 경우엔 인슐린이 존재하기는 하지만, 제 기능을 하지 못 한다. 이를 '인슐린 저항성insulin resistance'이라고 부른다. 그런데 이 인슐린 저항성이 아밀로이드 베타 플라크와 타우 인산화를 촉진한다는 것이다.

그런가 하면 이런 설명도 있다. 당뇨병 환자는 혈액 안에 포도당이 과도하게 존재하는데, 그러면 상대적으로 세포에는 포도당이 부족해진다. 뇌세포가 에너지원으로 써야 할 포도당이 부족해지면서 결과적으로 뇌세포가 파괴되고 이로 인해 치매와 같은 뇌질환을 일으킨다는 것이다.

특히 2형 당뇨병 환자의 70% 정도는 노후에 알츠하이머성 치매에 걸리게 되는 것으로 나타났다. 이런 점에서 최근엔 알츠하이머성 치매를 3형 당뇨병으로 부르기도 한다. 당뇨병이 어떤 방식으로 알츠하이머성 치매를 일으키는지는 아직 명확하게 규명되지 않았다. 하지만 두 질병이 모종의 연관성이 있다는 점은 무시할 수 없다.

최근에는 장내 미생물도 치매와 관련이 있다는 연구결과도 나오고 있다. 사람마다 장에 내주하고 있는 미생물은 종류가 다 다른데, 치매 환자와 정상인의 장내 미생물은 미생물의 종류와 숫자에서 차이점이 있다는 것이다. 장내 미생물이 어떤 방법으로 치매 발병에 영향을 미치는지에 대해서는 좀 더 구체적인 연구를 통해 밝혀져야 할 부분으로 남아있다.

알츠하이머성 치매…치료 전략은?

1906년 알로이스 알츠하이머는 사망한 치매 환자의 뇌에서 특이한 변화를 발견했다. 그는 두 종류의 단백질이 뭉쳐있는 것을 보고 이것이 치매의 원인이 아닐까 생각했지만, 당시 과학자들에게 이 2개의 단백질을 치매의 원인이라고 성급하게 결론짓지는 말라고 조언했다. 이후 뇌과학이 발전하면서 알츠하이머가 발견한 2개의 단백질이 바로 아밀로이드 베타와 타우 단백질으로 확인됐다. 이에 따라 아밀로이드 베타와 타우 단백질은 치매 원인 물질로 거의 확실시되어 여겨지기 시작했다. 알츠하이머가 100여 년 전에 당부했던 조언이 철저히 무시된 것이다.

세계적인 제약사들은 아밀로이드 베타를 알츠하이머성 치매의 주범으로 지목하고 앞다퉈 관련 연구를 진행해 왔다. 앞서 설명했지만 아밀로이드 베타는 아밀로이드 전구 단백질로부터 만들어지는데, 이 과정에서 베타 시크리테이즈와 감마 시크리테이즈라는 절단 단백질이 관여한다. 이런 점에서 아밀로이드 베타를 겨냥한 치매 신약 개발 연구 대부분은 베타 시크리테이즈나 감마 시크리테이즈의 기능을 차단하는 방식으로 이뤄졌다.

이외에도 여러 연구 방법이 진행되었다. 그중 하나는 이미 형성된 아밀로이드 베타 플라크가 신경세포에 독성을 끼치지 못하도록 아밀로이드 베타 플라크 자체를 표적으로 묶어두는 방법이다. 지난 수십 년간 다국적 제약사들이 아밀로이드 베타 단백질을 공략하는 다양한 방식의 알츠하이머성 치매 신약 개발에 수조 원의 돈을 투자했다. 그리고 신약 개발의 마지막 단계인 임상 3상까지 진행된 경우도 상당히 많았다. 그런데 안타깝게도 현재까지 임상 3상 단계가 성공한 경우는 단 한 건도 없다. 아밀로이드 베타 플라크를 겨냥한 신약 개발이 모조리 실패한 것이다.

이에 따라 제약사는 수조 원의 신약 개발 비용을 허공에 날린 셈이 되었고, 치매 환자는 신약 개발이라는 간절한 희망을 잃고 말았다. 아밀로이드 베타를 겨냥한 연이은 신약 개발 실패는 아밀로이드 베타가 알츠하이머성 치매의 원인이 아닐 수도 있다는 회의론을 불러오기도 했다.

물론 이 같은 회의론에 대한 반론도 존재한다. 지금까지 진행된 임상시험의 대부분이 치매가 상당히 진행되어 온 환자들을 대상으로 했기에 치료 효과를 보기에는 너무 늦은 상태였다는 것이다. 개발 중인 신약의 효과가 정말 없어서 임상시험에 실패한 경우도 있겠지만, 임상시험에 참여한 대부분의 환자 상태가 이미 치료할 수 없을 정도로 뇌 손상이 심각한 환자였다는 주장이다. 이런 관점은 치매 초기 증상을 보이는 환자들을 대상으로 임상시험을 진행할 경우, 긍정적인 결과를 얻을 수도 있을 것이란 낙관론을 낳고 있다.

미국 알츠하이머병 학회와 국립노화연구소는 치매 진단 기준을 현재처럼 기억 상실과 같은 표면적 증상이 아니라, 뇌의 변화에 근거한 생리학적 표지로 삼는 내용의 연구지침을 제시했다. 이 지침은 뇌 스

캔 등을 통해 실제 치료의 효과를 기대할 수 있는 환자를 치매 임상시험에 뽑을 수 있다는 장점이 있다. 이에 따라 초기 치매 증상을 나타내는 환자들을 대상으로 한 임상시험을 진행할 경우 이미 실패로 판정난 치매 신약 후보 물질도 반전의 결과가 나올 수 있다는 예측이 조심스레 나오고 있다. 하지만 치매 증상이 나타나기 15~20년 전부터 뇌에서 변화가 진행될 수 있다는 점에서, 이 진단 기준을 적용할 경우 실제 치매 환자가 아닌 사람이 포함될 수 있다는 비판도 있다.

그럼에도 불구하고 치매를 조기에 진단하는 것은 매우 중요한 문제다. 치매 환자에게 아주 이른 시기에 약을 쓰면 병의 진행 속도를 많이 늦출 수 있을 것으로 의학계는 내다보고 있다. 그래서 치매 치료는 조기 발견이 핵심이고 더 나아가서 예방해야 한다는 개념까지 나오고 있다. 여기서 말하는 병의 진행 속도를 늦춘다는 의미는 환자가 인간다운 생활을 할 수 있게 한다는 의미다. 따라서 가족의 고통도 그만큼 줄일 수 있을 것이다.

현재도 양전자 단층촬영Positron Emission Tomography, PET과 같은 영상학적 방법이나 뇌척수액에서 아밀로이드 베타나 타우를 측정하는 생화학적 방법이 있기는 하다. 하지만 PET 방법은 방사선을 이용한다는 점과 비용이 고가라는 점이, 뇌척수액을 이용하는 방법은 절개 등 환자에게 고통이 수반되는 침습적 방식이라는 점이 단점으로 지적된다. 이 때문에 치매 연구의 또 다른 핵심 쟁점은 치매를 조기 진단하는 방법을 발굴하는 것이다. 이에 따라 혈액 검사로 알츠하이머병 여부를 예측하는 기술이 국내에서 개발되는 등 관련 연구가 전 세계적으로 활발히 진행되고 있다.

한편 치매 신약 개발 연구의 또 다른 대안으로, 아밀로이드 베타가 아닌 타우 단백질이 주목받고 있기도 하다. 타우 단백질의 인산화를 표적으로 한 임상연구가 전 세계적으로 진행되고 있기 때문이다. 타우 단백질 임상연구는 아밀로이드 베타의 경우처럼 아직 임상 실패 사례가 나오지는 않았다. 이 지점에서 타우 임상 연구는 매우 고무적이지만, 앞으로 더 연구가 진행될 경우 아밀로이드 베타처럼 실패 사례가 나올 수도 있다는 점 또한 간과할 수는 없다.

그 외에도 과학자들이 찾은 또 다른 방법 가운데 하나는 기존 의약품을 재활용하는 방법이다. 의약품 재활용drug repositioning은 A 질병 치료제로 판매되고 있는 의약품에서 B라는 새로운 질병에 대한 적용 가능성을 알아보는 것이다.

일본 교토 대학 연구팀은 알츠하이머성 치매 환자의 피부세포로부터 유도만능 줄기세포를 만든 뒤 이를 다시 신경세포로 분화시켰다. 한마디로 인간 치매 신경세포를 재현한 셈이다. 흥미롭게도 연구팀이 파킨슨병 치료제와 천식 치료제, 간질 치료제 등 3가지 의약품을 함께 이 치매 신경세포에 처리했더니, 신경세포에서 아밀로이드 베타의 양이 30~40% 줄어든 것으로 나타났다. 이들 3가지 약물의 조합이 베타 시크리테이즈와 감마 시크리테이즈 단백질의 기능을 억제한 것이다.

아직 연구 초기 단계이지만, 이 연구에는 크게 두 가지 의미가 있다. 첫째는 세포 단계의 실험이기는 하지만, 알츠하이머 환자의 뇌 신경세포에서 아밀로이드 베타가 줄어든 것을 확인했다는 점이다. 둘째는 기존 의약품을 활용했다는 점에서 인체 안전성이 검증되었다는 것이다. 기존 의약품은 이미 임상시험의 전 과정을 끝마쳤기 때문에 이들 약물이 치매 치료제로 승인될 경우 인체 독성 테스트 등을 생략할 수 있다.

앞서 치매가 당뇨병과 관련이 깊다고 설명했다. 이에 근거해 과학자들은 당뇨병 약이 치매 치료에 효과가 있을 것으로도 내다보고 있다. 이런 가정 아래 이뤄진 동물실험에서 최근 주목할 만한 결과도 나왔다. 영국 랭커스터 대학 연구팀이 당뇨병 치료에 사용되는 3가지 호르몬을 혼합한 일명 '칵테일 약'을 치매 쥐에게 처리한 결과, 치매와 관련한 여러 증상이 개선된 것으로 나타났다. 아밀로이드 베타 플라크가 줄었고, 뇌 신경세포가 소실되는 속도가 느려졌다. 반면 뇌 신경세포를 보호하는 기능을 하는 뇌 성장인자는 증가했고, 뇌의 만성염증과 산화 스트레스는 모두 감소했다(산화 스트레스는 활성산호가 세포에 독성을 미치는 것을 말한다).

앞서 교토 대학에서 3가지 약을 혼합해 사용한 것처럼, 당뇨병 등 다른 질병 치료제로 사용되는 약 중 치매 치료에 효과가 있는 약을 찾는 것은 새로운 대안이 될 수 있다. 여기에 더해 당뇨병 약이 또 다른 퇴행성 뇌질환인 파킨슨병 환자를 대상으로 한 초기 임상시험에서도 긍정적인 결과로 이어졌다는 연구결과가 나왔다. 앞으로 더 많은 연구가 필요하겠지만, 이 같은 연구결과는 당뇨병 약이 퇴행성 뇌질환 치료에 활용될 수 있다는 점을 시사하고 있다.

죽다 살아난 아밀로이드 가설

내 머릿속 지우개로 불리는 치매의 원인이 무엇인지는 여전히 명확하지 않다. 앞서 기술했듯이 아밀로이드와 타우가 유력한 원인으로 꼽히지만, 아직 가설일 뿐이지 정설로 학계가 인정한 것은 아니다. 특히 지난 30년간 베타 아밀로이드를 겨냥한 수많은 임상시험의 실패는 아밀로이드 가설을 뿌리째 흔들리게 했다.

그런데 2021년 미국 FDA는 일본 에자이Eisai와 미국 바이오젠Biogen이 공동 개발한 치매 치료제 아두카누맙Aducanumab을 조건부 승인했다. 아두카누맙은 베타 아밀로이드를 겨냥한 항체 치료제로, FDA가 최초로 승인한 '치매 근본 치료제'로 불렸다. 아두카누맙은 임상시험에서 인지 기능 악화 억제 효과가 22%로 나타났다. 이러한 수치는 당시까지 개발된 치매 치료제 가운데 가장 높은 수치였다. 그런데 FDA는 치매 신약을 승인해주면서 정식 승인이 아닌, 조건부 승인을 해줬다. 조건부 승인은 일단 승인은 해주되 판매 후 약의 효능과 부작용을 살펴보는 임상 4상을 조건으로 한다.

그렇다면 FDA는 왜 조건부 승인을 한 것일까? FDA가 신약을 승인할 때는 승인에 앞서 전문가들로 구성된 자문위원회의 자문을 구한다. 이 약의 효과는 어느 정도이며, 또 부작용은 어느 정도인지, 허가를 해줘도 되는지를 전문가들에게 면밀한 검토를 요구하는 절차이다. FDA 자문위는 아두카누맙이 신약으로 승인을 할 만큼 충분한 유효성을 입증하지 못했다며 비승인 권고를 결정했다, 신약 승인과 관련해 FDA는 자문위의 권고를 수용하는 것이 일반적이지만, 이번에는 자문위의 권고와는 다른 결정을 내렸다. 대신 아두카누맙의 경우 뇌부종과 뇌출혈 등의 부작용이 심각해 이를 살펴보기 위해 시판 후 임상인 임상 4상을 진행할 것을 조건으로 했다. 승인 전부터 논란을 빚었던 아두카누맙은 결국 시판 이후 부작용이 커 사실상 사용이 금지됐다. 세계 최초의 치매 근본 치료제라는 명성이 무색해진 셈이다. 아두카누맙의 사용 금지는 아밀로이드 가설을 다시 한번 흔드는 촉매가 됐다.

그런데 2023년 1월 상황이 묘하게 흘러가기 시작했다. 아두카누맙으로 1차례 실패를 맛본 에자이와 바이오젠이 2번째 치매 신약으로 FDA의 승인을 얻은 것이다. 에자이와 바이오젠의 2번째 치매 신약은 레카네맙Lecanemab으로 이 약 역시 베타 아밀로이드를 겨냥한 항체 치료제이다. 레카네맙의 인지 기능 악화 억제 효과는 27%로 아두카누맙보다 다소 높다. 하지만 부작용은 아두카누맙의 1/10 수준으로 알려졌다. FDA는 레카네맙에 대해 가속 승인했다. 가속 승인은 임상 3상 결과가 나오기 이전이라도 임상 2상 결과 유효성이 충분하다고 판단되면 정식 승인 이전에 가승인 해주는 제도이다. 이 같은 FDA의 결정에는 레카네맙의 인지 기능 악화 억제 효과가 아두카누맙보다 더 높은 점도 있지만, 부작용이 상대적으로 아주 적다는 점이 크게 작용했다. 에자이와 바이오젠은 2023년 6월 FDA에 정식 승인을 요청했고 FDA는 같은해 7월 레카네맙을 정식 승인했다. 바이오 업계에서는 레카네맙이 정식 승인될 경우 기념비적인 블록버스터가 될 것으로 전망했다. 바이오 분야에서 블록버스터란 매년 1조 원 이상 팔리는 신약을 말한다.

다만, 전문가들은 레카네맙이 초기 치매 환자에게는 효과가 있지만, 치매가 어느 정도 진행된 중증 이상의 환자에게는 큰 효과가 없을 것으로 판단했다. 레카네맙과 아두카누맙은 모두 비정상적으로 뇌에서 응축된 베타 아밀로이드를 공략한다. 베타 아밀로이드는 1개가 2개로 뭉치고 2개가 뭉쳐 4개가 되고 이런 과정을 거치면서 아밀로이드 플라크를 형성한다. 이렇게 아밀로이드 플라크가 뇌에 쌓이면 치매를 유발한다는 것이 아밀로이드 가설의 핵심이다.

레카네맙과 아두카누맙은 아밀로이드 베타 응집체를 공격하는 항체이지만, 공략하는 포인트가 각각 다르다. 레카네맙은 아두카누맙보다 좀 더 이른 단계의 베타 아밀로이드 응축을 억제한다. 전문가들은 레카네맙이 아두카누맙보다 인지 기능 악화 억제 효과가 높은 것은 좀 더 빨리 아밀로이드 응축을 저해하기 때문으로 보고 있다. 레카네맙의 정식 승인으로 아밀로이드 가설은 다시 힘을 받는 모양새이다. 비록 알츠하이머 치매 치료제가 FDA의 승인을 받았지만, 여전히 풀어야 할 숙제도 있다. 승인 신약이 초기 치매 환자에게만 효과가 있다는 점과 뇌부종과 뇌출혈 등 부작용 문제이다.

사라진 기억…되살릴 수 있나?

치매 신약 개발에 대한 기대와 동시에 드는 한 가지 의문이 있다. 실제 치매 신약이 개발될 경우, 과연 치매로 인해 잃어버린 기억을 되살릴 수 있을까? 하는 것이다. 치매는 기억을 저장하는 신경세포가 파괴되는 것이 병의 원인이기 때문이다.

기억을 되살리는 것은 어려운 문제다. 특정 기억과 관련한 신경세포를 만드는 것은 또 다른 얘기가 된다. 그렇지만 기억과 관련한 신경세포를 만들어 낼 수 있거나 적어도 손상을 막을 수 있다면, 치매 증상을 완화하거나 개선하는 데 분명 큰 도움이 될 수 있을 것이다.

뇌과학계의 오랜 화두 가운데 하나가 바로 신경세포가 평생에 걸쳐 새로 만들어지느냐에 관한 것이었다. 만약 태어나서부터 죽을 때까지 우리 뇌에서 계속해서 신경세포가 만들어진다면, 치매와 같은 퇴행성 뇌질환을 겪지 않고 건강하게 오래 살 수 있을 것이다. 인간의 뇌에 대한 연구가 미미했던 1900년대 초만 해도 사람의 뇌 신경세포는 태어나기 전에 이미 생성을 끝마친다는 이론이 지배적이었다. 엄마 배 속에서 이미 뇌세포의 생성이 끝나 더는 생성되지 않는 것으로 본 것이다.

이후 1967년 미국 MIT 조셉 알트만Joseph Altman 연구팀은 기니

피그를 대상으로 한 실험에서 성인 쥐의 뇌에서 새로운 신경세포가 생성된다는 점을 확인했다. 알트만 연구팀은 이 연구결과를 국제 학술지 『네이처』에 발표했다. 성인의 뇌에서 신경세포가 생성되는 것, 이를 일명 '성인 신경 재생Adult Neuro genesis'라고 하는데, 알트만의 이론은 당시 동료 과학자들에게는 큰 지지를 받지 못했다.

당시 과학계는 파스코 라킥Pasko Rakic이라는 하버드대 교수가 발표한 논문의 '신경세포 재생은 태어나기 전으로 제한돼 있다'라는 내용을 더 지지했다. 라킥은 원숭이를 대상으로 한 실험에서 원숭이의 신경세포 재생이 출생 전으로 제한됐다는 내용의 논문을 1974년 국제학술지 『사이언스』에 발표했다. 성인 신경세포 재생을 두고 『네이처』와 『사이언스』라는 과학계 양대 저널에 서로 상반되는 내용의 논문이 10년도 채 안 된 차이로 게재된 것이다.

이처럼 성인 신경세포 재생을 두고 과학계가 논박을 벌이는 가운데, 1983년 미국 록펠러 대학의 페르난도 노테봄Fernando Nottebohm 교수 연구팀은 알트만 연구팀을 지지하는 연구결과를 발표했다. 노테봄 교수는 카나리아 실험에서 카나리아가 신경세포를 평생 새로 만든다는 연구결과를 『PNASProceedings National Academy of Science』에 발표했다. 1999년 프린스턴 대학의 엘리자베스 굴드Elizabeth Gould 연구팀 역시 원숭이를 대상으로 한 실험을 통해 성체 원숭이도 신경세포 재생이 가능하다는 점을 『사이언스』에 발표했다.

이후 뇌과학계에서는 성인의 경우에도 신경세포가 재생된다는 이론이 대세로 굳혀졌다. 물론 알트만에서부터 굴드까지 모두 동물을 대상으로 실험했다는 점에서는 분명 한계가 있다. 그러나 성인 신경세포 재생을 지지하는 과학자들은 이 같은 일련의 연구 성과를 근거로 사람도 동물처럼 성인이 돼서도 신경세포가 만들어질 것이라고 보고 있다.

그러나 최근 다시 성인의 뇌는 일정 시점이 지나면 신경세포를 더는 만들지 못한다는 내용의 연구결과가 발표돼 과학계를 충격에 빠트렸다. 2018년 미국 UCSF 알투로 알바레즈 부이야Arturo Alvarez-Buylla 교수 연구팀은 13세 이후에는 새로운 신경세포가 거의 생성되지 않는다는 내용의 연구결과를 『네이처』에 발표했다.

부이야 연구팀은 사망한 사람과 뇌수술을 받는 사람으로부터 뇌조직 시료를 얻어 연구를 진행했다. 이전 연구가 동물을 대상으로 한 것과는 다르게, 부이야 연구팀은 사람의 뇌 샘플을 활용했다. 특히 이 샘플은 뇌에서 기억 중추라고 불리는 해마hippocampus 부위에 해당했다. 부이야 연구팀은 연구를 통해 출생 후부터 신생 신경세포 수가 줄어들기 시작하는 것을 확인했다. 생후 1년 된 아기의 신생 신경세포 수는 신생아보다 5배 적고, 7세 무렵에는 생후 1년보다 23배나 줄어들고, 그 후 13세까지 다시 5배나 줄어든다는 것이다.

연구팀은 또한 성인에게 신경 줄기세포가 거의 없는 것으로 나타났다고 밝혔다. 신경 줄기세포는 신경세포를 끊임없이 만들어 내는 일종의 저장고 역할을 하는 세포인데, 지금까지의 뇌과학계에서는 이 세포가 성인에게 많지는 않을지라도 조금은 남아있을 것으로 보고 있었다. 그러나 부이야 연구팀의 결론은 성인에게는 신경 줄기세포도 거의 없으며, 따라서 새롭게 만들어지는 신경세포도 거의 없다는 것이었다.

물론 사망한 사람과 뇌수술을 받은 사람의 뇌 샘플은 살아있는 사람의 뇌 샘플과는 차이가 있다는 점에서 새롭게 만들어지는 신경세포 수를 정확하게 파악하기 어렵다는 지적도 있다. 그러나 이것이 뇌과학계의 정설이 된다면, 결국 한 번 파괴된 신경세포는 되살릴 수 없다는 얘기가 된다. 신경세포는 외부 충격에 민감하여 우리가 흔히 아이들 머리에 꿀밤 때리는 것만으로도 파괴될 수 있다. 꿀밤 맞으면 머리가 나빠진다는 옛말이 어느 정도 신빙성이 있는 것이다.

그렇다면 한 번 파괴된 신경세포를 대신해서 새로운 신경세포를 만들어 내는 방법은 없는 것일까? 부이야 연구팀의 연구결과가 옳다고 가정한다면, 우리 몸이 스스로 새롭게 신경세포를 만들어 내는 방법은 사실상 없다고 보아야 한다. 하지만 인위적으로 신경세포를 뇌에 주입한다면 가능할 수도 있다. 그래서 주목받는 것이 신경 줄기세포를 인위적으로 만드는 것이다. 환자의 몸에서 채취한 줄기세포를 이용하든 다른 사람의 줄기세포를 이용하든, 줄기세포를 이용해 부족한 신경세포를 채우는 개념이다.

실제로 동물실험에서는 신경 줄기세포를 이용한 신생 신경세포 생성이 확인됐다. 하지만 아직 인간을 대상으로는 성공한 사례가 없다.

이런 상황을 보며 결국 인간은 스스로 신생 신경세포를 만들지 못할 뿐만 아니라, 인위적으로 신경 줄기세포를 이식받아도 전혀 소용이 없는 것 아니냐는 비관론에 부딪힐 수도 있다. 정말 그런 것일까? 아직은 단언할 수 없다.

흥미롭게도 부이야 교수팀의 논문 발표 이후 얼마 지나지 않아, 성인 신경세포 재생이 가능하다는 또 다른 연구팀의 논문이 발표됐다. 과학의 묘미란 바로 이런 것이다. 어떤 주장이 나오면 그 주장을 반박하는 주장이 나오고 그런 과정을 거치면서 우리가 알고 있는 가설이 과학적 사실로 인정받게 되는 것이다. 그 흥미로운 여정에서 치매 치료제의 개발도 가까운 미래에 가능할 것이라고 꿈꾼다면 이는 또 얼마나 유쾌한 일인가?

4. 파킨슨병

알리를 무릎 꿇린 파킨슨병…원인은?

복싱계의 전설로 불리는 무하마드 알리Muhammad Ali. 그가 남긴 말 가운데 지금도 자주 인용되는 말은 아마도 이것일 듯 싶다. "Float like a butterfly, sting like a bee!" 알리라는 이름을 한 번도 들어본 적이 없는 사람이라도 들어봤을 법한, 그 유명한 "나비처럼 날아서 벌처럼 쏜다"라는 말이다. 자신의 말처럼 복싱을 예술의 경지로 승화시킨 무하마드 알리는 2016년 74세의 나이로 세상을 떠났다. 알리는 숨을 거두기 전까지 근 30여 년간 힘겹게 병마와 싸워 왔다. 전설의 복서를 무릎 꿇게 한 병마는 바로 퇴행성 뇌질환 중 하나인 '파킨슨병Parkinson's disease'이었다.

파킨슨병은 1817년 영국 의사 제임스 파킨슨이 손 떨림과 근육 경직, 자세 불안정 등의 특징을 보이는 환자들에게 '떨림 마비'라는 이름을 붙이면서 알려진 질환이다. 이후 이 증상을 처음 기술한 의사 파킨슨의 이름을 따서 파킨슨병이라고 지칭하고 있다. 제임스 파킨슨이 이 병을 처음 기술한 것을 기리기 위해 그의 생일인 4월 11일은 세계 파킨슨병의 날World Parkinson's Day로 지정됐다.

또 파킨슨병의 상징은 빨간 튤립인데, 1982년 파킨슨병을 앓던 네덜란드의 한 원예사가 자신이 품종 개량한 빨간 튤립에 제임스 파킨슨이라고 이름을 붙인 데서 유래했다. 이 병이 전 세계적으로 널리 알려지게 된 계기는 무하마드 알리의 경우도 있었지만, 영화 〈백 투 더 퓨처Back to the future〉(1985년)의 주인공으로 유명한 할리우드 영화 배우 마이클 제이 폭스Michael J. Fox도 파킨슨병을 앓았기 때문이다. 이외에도 교황 바오로 2세Pope John Paul II와 중국의 작은 거인으로 불렸던 덩샤오핑Deng Xiaoping도 파킨슨병을 앓았다.

파킨슨병의 원인은 도파민을 분비하는 '신경세포의 소실'인데, 반대로 이야기하면 그만큼 도파민이 우리에게 중요한 역할을 한다는 뜻이기도 하다. 도파민은 '신경전달물질neurotransmitter'로, 이에 대해서 먼저 이해할 필요가 있다.

신경전달물질은 신경세포와 신경세포 사이에서 특정 정보를 전달하는 물질을 일컫는다. 우리 뇌에는 약 천억 개의 신경세포가 존재하는데, 이들 신경세포는 서로 정보를 주고받는다. 예를 들어 우리가 손을 움직이고 싶다고 생각하면 그 정보가 신경전달물질이라는 형태로

에드바르 뭉크의 <절규> / ⓒ노르웨이국립미술관

뇌 신경세포에서 손에 있는 근육 신경세포까지 전달돼 근육이 반응하면서 손이 움직이는 것이다. 그래서 이 신경전달물질이 제대로 만들어지지 않거나 전달 과정에서 막혀버린다면 우리는 몸을 제대로 움직일 수 없게 된다.

도파민의 경우 도파민을 생산하는 특정 신경세포가 있고, 이 신경세포가 신경전달물질인 도파민을 분비하면, 인접해 있는 신경세포가 이 도파민을 받은 뒤 다시 전달한다. 도파민은 우리 뇌에서 움직임과 동기 부여, 기억과 주의, 학습, 기분 등을 조절하는 다양한 기능을 수행한다.

도파민과 관련한 흥미로운 사례를 하나 꼽자면 노르웨이 출신의 표현주의 화가 에드바르 뭉크Edvard Munch의 걸작 〈절규The Scream〉를 들 수 있다. 그림을 잘 모르는 사람이라도 한 번쯤은 봤을 법한 뭉크의 절규는 핏빛 같은 하늘과 공포에 질린 얼굴이 인상적이다. 의학계는 뭉크가 그린 〈절규〉의 배경에 화가의 정신 상태가 반영된 것으로 추정하고 있다. 뭉크가 우울증이나 조현병을 앓았을 것이고, 그로 인한 격한 감정을 그림에 그대로 반영했을 것이라는 주장이다.

이 같은 정신질환의 원인 중 하나가 도파민 분비의 불균형이다. 우리 뇌에서 도파민이 부족한 경우 우울증을 일으키며, 우울증이 만성화되면 조현병이 일어나기도 한다. 여기에 도파민을 생산하는 신경세포가 아예 파괴되면 파킨슨병을 일으키는 것이다. 스웨덴의 과학자 아비드 칼슨Arvid Carlsson은 이 도파민의 발견과 함께, 도파민이 파킨슨병 발병의 핵심이라는 점을 규명하여 2000년 노벨 생리의학상을 받았다. 그래서 파킨슨병 치료의 핵심은 도파민에 있으며, 좀 더 정확하게 말하면 도파민을 생산하는 신경세포를 다시 만들어 내는 것에 있다. 그러나 퇴행성 뇌질환인 치매가 현재까지 근본적인 치료제가 없는 것처럼, 안타깝게도 파킨슨병 역시 아직 병을 완치하는 개념의 근본적인 치료제가 없다. 다만 파킨슨병의 증상을 완화시키는 개념의 치료제는 있다. 이런 방식의 치료제를 완치를 이루는 근본 치료제와 구별하여 '증상완화제'라고도 부른다.

현재 파킨슨병의 증상완화제로 많이 쓰이는 치료제는 레보도파levodopa, 줄여서 'L-도파'라고 부르는 약이다. 1960년대부터 L-도파는 파킨슨병의 주요 치료제로 사용됐다. L-도파는 도파민 전구물질precursor로, 우리 몸속에서 적절한 화학반응을 거쳐 도파민으로 전환되는 물질이다. 우리 몸속에 L-도파를 주입하면 L-도파는 체내에서 자연적으로 화학반응을 거쳐 도파민으로 전환된다는 것이다.

그런데 여기서 한 가지 의문이 생긴다. L-도파를 몸에 주입할 것이라면, 처음부터 아예 도파민을 넣어주면 되지 않느냐는 것이다. 이를 설명하기 위해서는 '혈액-뇌 장벽blood-brain barrier'이라고 불리는 일종의 뇌 보호막을 이해할 필요가 있다.

우리 뇌의 무게는 전체 몸무게의 2%에 지나지 않지만, 뇌가 기억이나 사고 등 고차원적인 기능을 수행한다는 점에서 그 중요성은 어느 장기보다 중요하다고 말할 수 있다. 이러한 뇌를 보호하기 위해 우리 뇌는 일종의 보호 장벽을 가지고 있는데, 그것이 바로 혈액-뇌 장벽이다.

혈액-뇌 장벽은 뇌세포를 외부의 세균이나 바이러스의 침입으로부터 보호하는 역할을 한다. 그런데 이 혈액-뇌 장벽은 약물의 통과도 어렵게 하는 요인으로 작용한다. 도파민의 경우가 그렇다. 도파민을 우리 몸에 주입하면, 도파민은 혈액-뇌 장벽을 통과하지 못한다. 쉽게 말해 파킨슨병 증상의 완화를 위해 도파민을 우리 몸에 주입해도 혈액-뇌 장벽을 넘지 못해, 도파민이 뇌세포에 도달하지 못하는 것이다.

흥미로운 점은 도파민 전구체인 L-도파는 혈액-뇌 장벽을 통과한다는 것이다. 그래서 도파민이 아닌 L-도파가 파킨슨병의 증상완화제로 사용되게 되었다. 그러나 L-도파는 증상완화제로, 환자의 뇌에 부족한 도파민을 보충해주는 역할을 할 뿐 도파민을 생산하는 신경세포 자체를 고치거나 새롭게 만드는 것이 아니라는 점에서 한계가 있다. 이것이 L-도파를 넘어선, 파킨슨병 치료제의 개발이 필요한 근본적인 이유다.

유도만능 줄기세포를 통한 파킨슨병 치료의 가능성

만약 도파민을 생산하는 신경세포를 재생할 수 있다면 파킨슨병 완치에 한 걸음 다가설 수 있을 것이다. 이 같은 야심 찬 계획을 일본 연구팀이 진행하고 있는데, 이 연구의 핵심은 앞서 설명한 바 있는 유도만능 줄기세포induced Pluripotent Stem cell, iPS에 있다. 연구 결과를 살펴보기 전에, 그 동안 여러 번 등장했던 유도만능 줄기세포에 대해 조금 더 자세히 알아보도록 하자.

세계적으로 줄기세포 연구는 크게 배아 줄기세포embryonic stem cell, 성체 줄기세포adult stem cell, 유도만능 줄기세포로 나뉜다. 줄기세포는 인체의 특정 세포로 분화할 능력을 지닌 세포를 뜻한다. 이는 특정 세포를 끊임없이 재생할 수 있다는 뜻이다. 치매를 다룰 때 등장했던 신경 줄기세포를 한 예로 들어보자. 신경 줄기세포는 신경세포를 끊임없이 만들 수 있는 능력을 지닌 세포를 말한다.

우리 몸에는 신경 줄기세포만 존재하는 것은 아니다. 피부 줄기세포도 존재하고 지방 줄기세포, 골수 줄기세포 등 다양한 줄기세포가 존재한다. 피부 줄기세포는 피부 세포로 분화하고 지방 줄기세포는 지방 세포로, 골수 줄기세포 골수 세포로 분화한다. 이처럼 하나의 특정 세포로 분화하는 줄기세포를 특별히 성체 줄기세포라고 한다. 말그대로 성인 몸속에 존재하며 분화 능력도 지녔지만, 분화할 수 있는 세포의 종류가 배아 줄기세포보다 제한이 있다는 단점이 있다.

이에 반해 배아 줄기세포는 수정란이 형성되고 나서 얼마 안 된 배아 단계에 존재하는 줄기세포이다. 정자와 난자가 수정해 수정란이 형성되고 배아가 만들어지면, 배아 속에는 수많은 배아 줄기세포가 존재한다. 이 배아 줄기세포가 신경 줄기세포, 골수 줄기세포, 지방 줄기세포 등으로 분화하고, 각각의 줄기세포는 또 각각의 세포를 만든다. 하지만 배아 줄기세포를 얻기 위해서는 여성의 난자가 필요하다는 점 등에서 배아 줄기세포는 윤리적 논란에서 벗어날 수 없다.

배아 줄기세포의 윤리적 논란과 성체 줄기세포의 제한된 분화능력을 극복하기 위해 개발된 것이 유도만능 줄기세포이다. 유도만능 줄기세포는 성인의 피부세포로부터 출발한다. 역분화 인자라고 불리는 특별한 유전자 4개를 피부세포에 주입하면 이 피부세포는 마치 배아 줄기세포처럼 분화 능력을 띤 세포로 변한다. 분화 능력을 유도했다는 점에서 유도만능 줄기세포라고도 하고, 분화의 과정을 거꾸로 되돌렸다는 점에서 역분화 줄기세포라고도 부른다. 일반적으로는 줄기세포에서 피부세포로 분화하는데, 거꾸로 피부세포에서 줄기세포와 같은 상태로 되돌렸다는 의미다.

유도만능 줄기세포는 일본 교토 대학 야마나카 신야Shinya Yamanaka 교수가 2006년 처음 선보였다. 신야 교수는 유도만능 줄기세포를 개발한 공로로 2012년 노벨 생리의학상을 수상했다. 그렇다면 이 유도만능 줄기세포를 이용해 어떻게 파킨슨병을 치료할 수 있을까?

먼저 건강한 사람으로부터 기증받은 피부세포로부터 유도만능 줄기세포를 만든다. 다음 단계로 유도만능 줄기세포로부터 도파민을 생산하는 신경세포를 만들어 낸다. 마지막 단계로 이 도파민 신경세포를 파킨슨병 환자의 뇌 안에 직접 주입하는 것이다. 구체적으로는 환자의 두개골에 작은 구멍을 뚫은 뒤 가느다란 주사를 이용해 뇌에 직접 도파민 신경세포를 전달하는 방식이다. 일본 교토대 연구팀은 앞서 원숭이 실험에서 의미 있는 실험 결과를 확인했기 때문에 사람을 대상으로 한 임상시험에서도 긍정적인 결과가 나올 것으로 기대하고 있다.

그런데 여기서 한 가지 드는 의문이 있다. 유도만능 줄기세포를 제작할 때 환자 자신의 피부세포가 아닌 건강한 다른 사람의 피부세포로부터 출발해 만들었다면, 이 유도만능 줄기세포로부터 분화한 도파민 신경세포를 이식할 경우 면역 거부반응이 일어나지 않느냐는 점이다. 면역 거부반응이란, 우리 몸의 면역계가 내 몸의 세포가 아닌 다른 세포가 우리 몸에 들어왔을 때 이를 적으로 인식해 공격하는 것을 말한다.

그런데 흥미롭게도 뇌의 경우에는 다른 사람의 세포를 이식받더라도 면역 거부반응이 우리 몸의 다른 장기와 비교해 상대적으로 적게 발생한다. 이처럼 우리 몸에는 특별히 면역 거부반응이 덜 일어나는 부위가 있는데 뇌와 망막 등이 대표적이다. 일본에서 유도만능 줄기세포를 이용해 망막질환의 일종인 '황반변성'을 치료하는 임상시험이 진행되고 있는데, 망막의 이런 특성을 활용한 것이다. 이런 이유 등으로 다른 사람의 유도만능 줄기세포를 뇌에 이식할 경우 면역억제제를 투여 받는다고 하더라도 거부반응의 강도는 상대적으로 약할 것이라고 볼 수 있다.

최근 신야 교수가 이끄는 연구팀은 이런 방법으로 만든 도파민 신경세포를 파킨슨병 환자에게 이식하는 임상시험을 실시했다. 이 임상시험이 긍정적인 결과로 이어질 경우 파킨슨병 치료의 이정표가 될 것으로 기대되고 있다. 아직 이론 단계이긴 하지만 상용화될 경우 한 번 치료로 뇌에서 도파민을 지속해서 생산할 수 있기 때문이다.

도파민 신경세포가 뇌에 안정적으로 정착한다면, 끊임없이 약을 공급해야 하는 L-도파의 한계를 극복해 낼 수 있을 것이다. 세포가 지속해서 도파민을 분비할 것이기 때문에 기존과는 차원이 다른 치료가 될 수 있다. 물론 도파민 신경세포를 뇌 속에 넣어주더라도 도파민 신경세포 자체가 파괴되는 파킨슨병 자체를 막을 수는 없다는 점에서 이마저도 완치 개념의 치료는 아니라는 비판도 있다. 하지만 유도만능 줄기세포를 이용한 파킨슨병 치료 방법이 상용화 될 경우, 현재의 상황에서 완치에 근접한 치료 방법이 될 것이란 점에는 의심의 여지가 없다.

도파민 신경세포를 깨워라!

L-도파의 경우 이미 상용화가 되었고, 유도만능 줄기세포를 이용한 방법은 현재 임상시험 단계에 있다. 이번에는 이들 이외에 파킨슨병을 치료할 두 가지 혁신적인 방법에 대해서 살펴볼 것이다. 이들

방법은 도파민 신경세포를 조절한다는 점에서는 공통점이 있지만, 그 방식에 있어서는 미묘한 차이가 있다.

먼저 살펴볼 기술은 광유전학optogenetics라는 기술이다. 광유전학 기술은 광(光), 즉 빛과 유전공학 기술을 혼합한 것이다. 이 기술을 간략하게 설명하면 빛을 신경세포에 직접 전달해 신경세포의 활성을 조절하는 방법이다. 신경세포가 활성화됐다는 의미는 특정 기능을 수행한다는 뜻이다. 이 기술이 어떻게 파킨슨병에 응용될 수 있는지를 알아보기에 앞서 먼저 광유전학 기술의 원리에 대해서 알아보자.

원시 생물인 녹조류는 채널 로돕신channel rhodopsin이라는 유전자를 가지고 있다. 이 유전자는 빛에 반응해 세포의 기능을 켜거나 끄는 일종의 스위치 역할을 한다. 과학자들은 목표로 하는 특정 신경세포에 채널 로돕신 유전자를 도입한 뒤, 뇌에 구멍을 뚫고 광섬유를 통해 신경세포에 빛을 쪼여주는 방식으로 채널 로돕신을 가진 특정 신경세포만 활성화시키는 방식을 고안해냈다.

반면 빛을 쪼이지 않으면 특정 신경세포는 빛에 반응하지 않아 비활성 상태가 된다. 이제 우리가 목표로 하는 신경세포를 도파민 신경세포라고 가정해 보자. 그러면 우리는 광유전학 기술을 이용해 파킨슨병 환자의 도파민 신경세포에 빛을 쪼임으로써 정교하게 세포의 활성을 켰다, 껐다 할 수 있다. 여기서 도파민 신경세포를 켰다, 껐다 한다는 것은 도파민 신경세포가 도파민을 분비하거나 분비하지 않도록 조절한다는 의미다. 이렇게 광유전학 기술을 이용하면 현재 파킨슨병 환자에게 사용되는 전기 자극 방법보다 더 정교하게 도파민 신경세포를 조절할 수 있다는 장점이 있다.

뇌에 직접적으로 작용하여 파킨슨병 증세를 완화하는 치료 방법 중에는 전기 자극 방식이라는 것도 있다. 이 방식은 전극을 파킨슨병 환자의 뇌에 이식한 뒤, 전극을 통해 전기 자극을 신경세포에 주어 파킨슨병 환자의 마비 증상을 개선하는 방식이다. 하지만 이 방법은 도파민 신경세포만 전기 자극을 주는 것이 아니라 인접해 있는 다른 신경세포에도 전기 자극을 준다는 점에서 몇 가지 문제점이 있다.

그런데 광유전학 기술을 적용할 경우 우리가 목표로 하는 도파민 신경세포를 세포 1개 단위로 조절할 수 있다. 획기적인 방법이지만 상용화까지는 해결해야 할 문제점도 있다. 우선 두개골을 뚫지 않고 빛을 신경세포에 어떻게 효과적으로 전달하느냐가 관건이다. 이 같은 한계를 극복하기 위해 여러 연구가 진행되고 있는데, 그 예로 생쥐 실험에서 초소형 LED를 뇌에 심어 특정 신경세포를 켰다, 껐다 하는 데 성공한 사례가 있다.

이와 함께 고려해야 할 문제가 어떻게 초소형 LED 같은 장치를 좀 더 생체 친화적으로 만들 것인가에 대한 것이다. 쉽게 말해 우리 뇌에 이물질을 심었을 때, 어떻게 뇌 조직에 손상을 주지 않으면서 기기의 성능을 최대한 이끌어 낼까 하는 문제다. 앞으로 관련 기술이 발전하면 더 안전하면서도 생체 친화적인 방법으로 빛을 전달하는 기술이 개발될 것으로 기대된다.

광유전학에 이어 두 번째로 살펴볼 기술은 드레드DREADD, Designer Receptors Exclusively Activated by Designer Drug라는 기술이다. 우리말로 풀어 보면 '의도한 약에만 반응하는 의도된 수용체' 정도가 될 것이다. 이 기술은 앞서 설명한 광유전학 기술과 비슷한데, 광유전학 기술이 빛과 유전공학의 결합이라면 드레드 기술은 화학공학과 유전공학의 조합이라고 말할 수 있다. 빛이 신경세포의 활성을 켜고 끄는 일종의 스위치로 작동한다면, 드레드 기술에서는 화학물질이 일종의 스위치로 작동하는 것이다.

원리는 이렇다. 우리가 목표로 하는 신경세포의 유전자를 조작해 특정 수용체를 세포 표면에 발현하도록 만든다. 수용체는 특정 물질과 결합하는 단백질이니, 이 수용체에만 결합하는 화학물질을 만들면 이 물질은 특정 수용체를 가진 신경세포에만 결합한다. 이렇게 신경세포를 유전자 조작한 다음에 수용체 결합 화학물질을 우리가 먹으면, 다른 신경세포에는 이 수용체가 없어 결합하고도 싶어도 결합할 수 없다.

이를 파킨슨병 치료에 적용해 보자. 도파민 신경세포의 유전자를 조작해 특정 수용체를 세포 표면에 발현하고, 이 수용체와 결합하는 특정 약물을 만드는 것이다. 미국 위스콘신 매디슨 대학 연구팀이 이 드레드 기술을 파킨슨병 생쥐에게 적용한 결과, 생쥐의 움직임이 개선된 것을 확인했다.

드레드 기술의 장점은 우리가 매일 먹는 일반 약처럼 특정 화학물질을 먹음으로써, 도파민 신경세포를 활성화할 수 있다는 데 있다. 또 우리가 목표로 하는 도파민 분비 신경세포 이외의 세포와는 반응하지 않기 때문에 부작용도 적다. 여기에 더해 드레드 기술이 상용화되면 파킨슨병뿐만 아니라 기타 뇌질환, 더 나아가 뇌질환이 아닌 다른 질병에도 적용될 가능성이 있다. 아직은 동물실험 단계에 있는 상태이지만, 이 같은 장점들로 인해 앞으로 인체 임상시험에서도 긍정적인 결과를 낳을 것이란 낙관론이 나오고 있다.

장내 미생물

앞서 장내 미생물이 치매와 관련이 있을 가능성을 시사하는 연구에 대해서 잠깐 설명한 바 있다. 이외에도 장내 미생물과 관련한 몇 가지 흥미로운 내용들이 있다. 그 중 하나가 바로 코알라의 대변과 관련된 이야기다. 잘 알려진 사실이지만, 코알라는 주식으로 유칼리 eucalyptus 잎만을 먹는다. 그러나 이 유칼리 잎만으로는 활동에 필요한 에너지를 충분히 얻지 못하기 때문에, 코알라는 하루 대부분을 잠을 자는 데 시간을 보낸다.

그런데 재미있는 것은 새끼가 젖을 떼고 유칼리 잎을 먹을 때가 되면 코알라 어미가 자신의 대변을 새끼에게 먹인다는 것이다. 어미와 달리 새끼는 유칼리 잎을 잘 소화하지 못하는데, 새끼에게 대변을 먹임으로써 어미의 장내 미생물을 새끼에게 공급하는 것이다. 새끼가 유칼리 잎을 잘 분해할 수 있도록 만드는 것이라지만, 새끼에게는 고역이지 않을까. 이쯤 되면 대변의 재발견이라고도 말할 수 있다.

장내 미생물의 흥미로운 점을 조금 더 언급하자면, 우선 장내 미생물이 우리 몸의 면역세포와 서로 소통한다는 점을 들 수 있다. 인간의 장에는 인체에서 가장 많은 수의 면역세포가 존재한다. 그런데 특정 장내 미생물이 증가하면 이와 관련한 면역세포의 구성도 바뀐다. 특정 장내 세균이 특정 역할을 하는 면역세포의 양이나 활성을 증가시키거나 반대로 줄일 수 있다는 이야기이다. 만약 특정 장내 세균이 염증 반응을 완화하는 기능을 수행하는 면역세포를 늘리게 되면, 관절염과 같은 면역질환의 증상을 호전시킬 수 있을 것이다.

한편 미국 텍사스의 MD 앤더슨 암센터는 2018년 장내 미생물의 다양성이 흑색종 환자의 면역항암제와 어떤 관련성을 가지고 있는지에 대해 과학 저널 『사이언스』에 발표했다. 최근 항암 치료의 핫이슈로 뜨고 있는 면역항암제의 경우, 환자에 따라서 그 효능이 편차를 보인다. 어떤 환자는 치료 효과가 좋지만, 또 어떤 환자에겐 치료 효과가 좋지 않다. 앤더슨 암센터의 연구 결과는 개인별 장내 미생물의 종류에 따라 면역항암제의 치료 효과가 다르다는 것을 보여줬다. 따라서 연구팀은 치료 효과가 좋은 환자에게서 많이 발견되는 장내 미생물을 항암제와 함께 넣어주면 치료 효과가 없던 환자에게서도 좋은 효과가 있을 것으로 예상하고 관련 연구를 진행하고 있다.

장내 미생물은 출산을 앞둔 임산부들에게도 비상한 관심을 끌고 있다. 통상적으로 제왕절개를 통해 태어난 아이는 엄마의 산도를 거쳐 나온 자연분만 아이보다 몸에 이로운 장내 미생물이 적은 것으로 알려졌다. 이 때문에 제왕절개로 태어난 아기에게 거즈로 엄마의 질 분비물을 묻혀 몸에 닦아주는 장내 '미생물 샤워'가 필요하다는 주장도 제기됐다. 이에 대해선 위생적으로 안전하지 않다는 등의 이유로 찬반 논쟁도 있다.

그런데 다행스럽게도 이 같은 미생물 샤워를 하지 않아도 제왕절개 아기가 수 주가 지나면 자연분만 아기와 같은 장내 미생물 다양성을 띤다는 연구결과가 나타났다. 아직 더 많은 연구가 진행되어야 하겠지만, 이 논문의 요지는 엄마 뱃속에서 이미 탯줄을 통해 아기에게 필요한 장내 미생물이 전달됐을 가능성이 있다는 점이다. 이 주장이 사실이라면 자연의 신비라 해야 할까. 아기에게 도움이 되는 일은 이미 엄마 몸속에서 자연적으로 일어난다고 볼 수 있다.

III

암

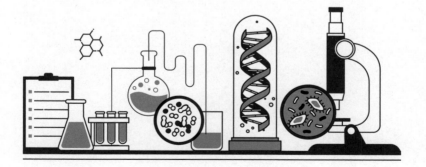

암은 1983년 통계청이 사망원인 통계를 작성한 이래 한국인 사망원인 부동의 1위를 차지하고 있다. 암은 세균이나 바이러스에 감염돼 발병하는 질병과 달리, 병의 원인이 우리 몸의 세포에 있다는 점에서 여타의 질병과는 근본적인 차이가 있다. 암은 무한 증식하는 비정상적인 세포를 포함하는 질병을 총칭한다. 여기에 더해 암은 병이 발생한 부위 외에 인체의 다른 부위로 퍼지거나 침입할 수 있다는 특징을 띠고 있다.

모든 암은 6가지 공통된 특징을 갖고 있다. 1) 세포의 성장과 분열에 필요한 적절한 신호가 없다. 2) 끊임없이 세포가 성장하고 분열한다. 3) 세포 자살 프로그램이 작동하지 않는다. 4) 세포 분열의 제한이 없다. 5) 신생 혈관 생성을 촉진한다. 6) 조직에 침입하고 전이를 일으킨다.

이러한 특징을 띠는 암세포를 다른 말로 악성 종양malignant tumor이라고 표현한다. 100개 이상의 암이 인간에게 영향을 끼치는 것으로 알려졌다. 이처럼 암은 종류가 많지만, 암의 기원에 따라 몇 개의 카테고리로 구분하기도 한다. 이 중 칼시노마Carcinionma는 상피세포epithelial cell로부터 유래한 암을 뜻한다. 이 유형은 거의 모든 암을 다 포함하고 있으며, 유방암, 폐암, 췌장암, 대장암, 전립샘암 등이 이에 속한다.

사코마Sarcoma는 뼈나 연골, 지방, 신경과 같이 결합조직connective tissue에서 유래한 암을 뜻한다. 림포마lymphoma와 루케미아leukemia는 혈액암이지만, 암의 발생 장소가 림프조직lymph node과 골수bone marrow라는 점에서 차이가 있다.

블라스토마blastoma는 미성숙 전구세포immature precursor cell나 배아 조직embryonic tissue에서 유래한 암을 말한다. 예를 들어 상피 세포에서 유래한 간암은 'hepatocarcinoma'라고 부른다. 반면 간 전구세포로부터 암이 유래했다면 'hepatoblastoma'라고 부른다. 또 지방에서 유래한 암은 'liposarcoma'라고 부르는 식이다.

암은 종류도 다양하고 그 원인도 복잡해 치료하기 까다로운 질병에 속한다. 더욱이 암은 재발이 잦고 전이도 일으킨다는 점에서 치료를 더 어렵게 만든다. 그러나 난공불락의 질병으로 여겨졌던 암도 1세대 케미컬 항암제에 이어 2세대 표적 항암제까지 진화를 거듭하며 부작용은 줄고 치료 효과는 더 커지는 방향으로 발전해 왔다. 최근에는 이들 항암제와는 전혀 다른 방식으로 작용하는 '면역항암제'가 개발돼 암 치료의 새로운 이정표를 제시하고 있다.

면역항암제의 핵심은 면역관문억제제와 CAR-T를 꼽을 수 있다. 여기에 더해 바이러스를 이용해 암세포를 파괴하는 암세포 살상 바이러스도 최신 항암 치료 방법으로 주목받고 있다. 이번 장에서는 혁신적인 항암 치료 방법이 적용되고 있는 몇 가지 암을 중심으로 인류의 암 퇴치 노력을 다루고자 한다. 모든 암을 다 다룰 수는 없지만, 여기에서 소개한 최신 항암 기술이 향후 다른 암에도 적용될 수 있다는 점에서 인류의 암 정복은 한 발짝 더 전진하고 있다고 말할 수 있다.

5. 흑색종

91세 지미 카터 암 완치 선언…비결은?

1976년 미국 민주당 대선 후보로 나선 지미 카터Jimmy Carter는 공화당 대통령 후보인 제럴드 포드Gerald Ford Jr를 꺾고 대통령에 당선됐다. 대통령 재임 시절보다 퇴임 후 더 왕성히 활동했던 카터는 2015년 간종양이 발견돼 수술을 받았다. 이 과정에서 카터는 피부암의 일종인 흑색종도 진단받았다. 카터의 경우엔 암이 뇌까지 전이된 상태였다. 카터는 그해 8월 말 자신의 삶이 얼마 남지 않았다고 대중에게 공개했다. 본인 스스로 죽음이 다가오고 있다는 것을 인정한 것이다. 그렇다면 카터를 죽음의 문턱까지 몰고 간 흑색종은 도대체 어떤 암일까?

악성 흑색종malignant melanoma은 인체에서 갈색을 띠는 멜라닌

melanin이라는 색소를 만드는 멜라닌 세포에 문제가 생겨 발생하는 피부 암의 일종이다. 악성 흑색종은 체내에서 멜라닌 세포가 있는 곳이라면 어느 곳이나 발생할 수 있지만, 피부에서 가장 많이 발생한다. 남성의 경우엔 보통 등에서 많이 발생하고, 여성은 다리에서 발생한다.

지미 카터 전 미국 대통령

흑색종은 점을 구성하는 세포인 '모반 세포'가 악성으로 변해 발병하기도 한다. 흑색종의 발생 원인은 정확하게 밝혀지지 않았지만, 자외선 노출이 주요 요인으로 꼽힌다. 따라서 의학계는 흑색종을 예방하는 가장 좋은 방법으로 과도한 자외선 노출을 피하는 것을 추천한다.

그런데 우리 몸은 비타민D를 만들기 위해 햇빛의 자외선을 이용한다. 그래서 비타민D를 만드는 데 필요한 양의 자외선을 쬐는 것과 악성 흑색종이 발생하지 않는 수준의 자외선을 쬐는 것 사이의 균형이 요구된다. 우리 몸이 하루에 필요로 하는 비타민D를 만드는 데에는 평균 30분 정도의 햇빛 노출이 필요하다. 그런데 이 정도 시간이면 보통 정상적인 피부가 자외선으로 인한 화상을 입을 만한 시간이다. 그래서 자외선 노출을 한 번에 쭉 하는 것보다 여러 번 나눠서 하는 것을 권장한다.

악성 흑색종은 원래 발생했던 곳에서 멀리 떨어진 장기로 전이가 일어날 경우 대체로 생존율이 20% 이하로 떨어진다. 이 같은 이유로 카터 전 대통령은 본인 스스로 살날이 얼마 남지 않았다고 밝힌 것이다. 그런데 기적과 같은 일이 일어났다. 그해 12월 6일 지미 카터가 본인이 암에서 완치됐다고 공개 선언한 것이다. 죽음의 문턱에서 카터를 살린 것은 '면역항암제'로 불리는 3세대 항암제였다. 그렇다면 카터의 목숨을 구한 면역항암제란 무엇이며, 어떤 원리로 작용하는 것일까?

면역항암제를 설명하기에 앞서, 먼저 면역항암제의 바탕이 되는 우리 몸의 면역계immune system에 대해서 알아보자. 의학의 아버지로 불리는 히포크라테스Hippocrates는 사람의 몸에는 자연적인 치유 능력이 있다고 말했다. 2천 년도 더 된 히포크라테스의 분석은 19세기 말이 돼서야 비로소 그 정체가 드러났다.

1882년 러시아 출신의 동물학자 메치니코프Ilya Mechnikov는 불가사리 유충에 가시를 찔러 넣은 뒤 이를 현미경으로 관찰했다. 그랬더니 흥미로운 결과가 나타났다. 특정 세포들이 가시 주위에 몰려들기 시작한 것이다. 그가 관찰한 것은 불가사리 유충의 면역세포가 외부의 침입자인 가시를 잡아먹는 과정이었다. 이렇게 면역세포가 외부 침입자를 퇴치하는 과정을 포식phagocytosis이라고 부르며, 포식하는 세포를 특별히 포식세포phagocyte, 혹은 대식세포macrophage라고 부른다. 포식은 메치니코프의 불가사리 유충 실험에서처럼 외부의 침입자가 침입할 경우 대식세포가 이를 둘러싼 다음 잡아먹어 분해하는 과정이다.

한편 독일 출신의 세균학자 폴 에를리히Paul Ehrlich는 '마법의 탄환 magic bullet'이라는 개념을 정립했다. 에를리히는 세균처럼 질병을 일으키는 미생물을 인체에 해를 끼치지 않고 죽이는 게 가능하다고 생각했다. 그는 이 같은 역할을 하는 물질을 마법의 탄환이라고 명명했다. 에를리히는 총에서 발사된 총알이 표적에 적중하는 것처럼, 인체에 침입한 세균을 정밀하게 타격하는 방법이 있다고 생각했다.

그는 디프테리아diptheria균에 대한 혈청 실험에서 혈액에서 만들어지는 특정 물질이 몸에 해를 끼치지 않고 병균을 공격할 수 있다는 것을 확인했다. 이 물질은 우리가 흔히 항체antibody라고 부르는 물질이다. 매치니코프와 에를리히는 각각의 발견에 대한 공로로 1908년 노벨 생리의학상을 받았다. 이로써 인체에 침입한 외부의 적과 싸우는 인체 내 군대 조직인 면역에 대한 연구의 서막이 열린 것이다. 매치니코프와 에를리히가 각각 발견한 대식세포와 항체는 '선천성 면역innate immune system'과 '적응성 면역adaptive immune system'이라는 면역계의 두 부분을 대표한다.

선천성 면역의 경우, 외부에 적이 침입하면 즉각적으로 반응이 일어난다. 반면 적응성 면역은 선천성 면역이 발생한 이후에 일어나지만, 더 정밀하게 적들을 공격한다. 이것이 선천성 면역과 적응성 면역을 구분하는 가장 큰 특징이다. 또한 선천성 면역은 모든 생명체에 존재하지만, 적응성 면역은 턱이 있는 척추동물에만 존재한다는 점에서 또 다른 차이가 있다.

선천성 면역의 주요 선수에는 대식세포와 자연살해세포natural killer cell 등이 있다. 대식세포는 앞서 설명한 대로 외부에서 침입한 세균 등을 잡아서 소화하는 세포이다. 반면 자연살해세포는 주로 우리 몸의 정상세포에 이상을 일으키는 대상을 정밀 공격하는 세포이다. 예를 들면 정상세포에 이상이 생겨 세포가 죽지 않고 무한히 증식하는 암세포가 대표적인 자연살해세포의 표적이다.

선천성 면역과 적응성 면역의 징검다리 역할을 해주는 세포도 있다. 바로 수지상세포dendritic cell로, 수지상세포는 면역세포가 공격해서 싸워야 할 적을 알려주는 역할을 한다. 수지상세포처럼 특정한 대상을 적군이라고 알려주는 것을 '항원 제시antigen presentation'라고 하며, 이런 기능을 수행하는 세포를 특별히 '항원 제시세포antigen-presenting cell'라고 부른다.

항원 제시세포가 적을 확인하는 방법은 이름에서 알 수 있듯이 항원antigen을 통해서다. 항원은 바이러스나 세균이 가지고 있는 특이적인 단백질로, 적군임을 알려주는 일종의 표지 물질이다. 수지상세포가 항원 제시를 하여 적을 귀띔해주는 세포가 바로 적응성 면역의 대표 세포인 T-세포와 B-세포다.

B-세포는 항원과 특이적으로 결합하는 물질인 항체를 생산한다. 수지상세포가 항원을 제시하면, B-세포는 이 항원과 결합하는 항체

를 만든다. 그러면 항체가 바이러스나 세균이 가진 항원에 달라붙어, 이들을 파괴하는 것이다.

T-세포는 우리 몸의 면역계에서 핵심 역할을 하는 세포다. T-세포는 또 몇몇 개의 T-세포로 나뉘는데, 실제로 적군과 싸우는 T-세포는 세포독성cytotoxic T-세포이다. 세포독성 T-세포 역시 항체처럼 항원을 정확하게 인식해 외부의 적인 항원을 갖는 세포를 정밀하게 공격한다.

그러나 암세포는 이 T-세포의 적군 감시를 교묘하게 피하는 능력이 탁월하다. 이 같은 문제가 항암 치료를 어렵게 만드는 요인 가운데 하나인데, 최근 이 문제를 극복하는 의약품이 개발됐다. 바로 카터를 살린 면역항암제다.

면역 브레이크를 풀어라!

앞서 설명했지만, 인체 면역계의 가장 중요한 특징은 '내 것self'과 '내 것이 아닌 것non-self'을 구별해, 내 것이 아닌 것을 공격하는 능력에 있다. 내 것은 내 몸에 존재하는 모든 것을 말하며, 내 것이 아닌 것은 내 몸이 아닌 몸 밖에서 인체 내부로 들어온 모든 것을 말한다. 세균과 바이러스가 대표적인 예이며, 장기를 이식할 때 쓰이는 다른 사람의 장기도 이에 해당한다.

여기에 더해 원래는 우리 몸의 정상세포였지만, 무한히 분열하는 특성을 띠도록 바뀐 암세포도 내 것이 아닌 것에 속한다. 면역계 가운데 T-세포는 내 것이 아닌, 즉 외부의 적과 싸우는 대표적인 면역 세포다. T-세포는 세포 표면에 아군과 적군을 구별할 수 있는 특별한 단백질을 가지고 있다. 이를 통해 외부의 적을 인식하고 인체 면역계를 전투에 참여토록 이끌고 실제 적과 싸우는 것이다.

그런데 자동차가 주행하기 위해선 액셀과 브레이크가 있는 것처럼, T-세포도 적과 싸울 때 필요한 액셀과 브레이크가 존재한다. 이들은 모두 단백질의 형태로 T-세포 표면에 각각 존재한다. T-세포가 액셀과 브레이크 단백질을 모두 가지고 있는 이유는 면역 반응을 정교하게 조절하기 위해서이다. 만약 T-세포의 액셀 기능이 없다면 즉각적으로 적과 싸울 수 없을 것이다. 반대로 만약 T-세포에 브레이크 기능이 없다면 과도하게 활성화된 T-세포로 인해 우리 몸의 정상세포까지 공격을 받을 수 있다.

이처럼 인체 면역계가 과도하게 활성화돼 정상세포를 공격해 발병하는 질병을 '자가면역질환autoimmune disease'이라고 부른다. 다시 말해 T-세포의 브레이크는 우리 몸의 정상세포를 보호하기 위한 일종의 안전장치로 볼 수 있다. 이 브레이크가 작동하지 않게 되면 류머티즘관절염과 같은 자가면역질환에 걸리는 것이다.

그런데 브레이크가 작동하지 않는 것도 문제가 되지만, 브레이크가 너무 자주 작동하는 것도 문제가 된다. 특히 암세포는 T-세포의 면역 브레이크를 작동시키는 능력이 탁월하다. 좀 더 구체적으로 살펴보면, T-세포 표면에 존재하는 브레이크를 특별히 면역관문immune

면역항암제 / ⓒ노벨위원회

checkpoint 단백질이라고 부른다. 'PD-1' 단백질이 T-세포에 존재하는 대표적인 면역관문 단백질이다.

　T-세포에 PD-1 단백질이 있다면, 암세포는 'PD-L1'이라는 단백질을 가지고 있다. 암세포 표면에 존재하는 PD-L1 단백질은 T-세포의 PD-1 단백질과 결합하는 특성이 있다. 이제 이런 경우를 생각해 보자. 우리 몸에 암세포가 생겨났다. T-세포는 암세포를 인지하고, 전투를 벌여야 한다. 그런데 T-세포가 전투를 시작하기에 앞서, 암세포가 PD-L1을 T-세포의 PD-1에 결합한다. 그러면 T-세포의 면역 브레이크가 활성화되어, T-세포는 암세포를 공격하지 않게 된다. PD-L1이 T-세포의 브레이크를 켜는 일종의 열쇠가 된 셈이다.

1990년대 초반 과학자들은 이 같은 브레이크 단백질들을 발견하고, 이들이 어떤 역할을 하는지 규명했다. 과학자들은 이를 통해 PD-L1이 PD-1에 결합하는 것을 막는다면 T-세포가 암세포를 공격하도록 할 수 있지 않을까? 하는 생각에 도달했다. 브레이크 기능을 멈출 수는 없으니, PD-1과 결합하는 항체를 인공적으로 만들어 보자는 것이다. 이 항체를 우리 몸에 주입하면, 항체가 PD-1과 결합해 암세포에 있는 PD-L1이 PD-1과 결합하지 못하도록 막게 된다. 이미 PD-1이 이 항체와 결합했기 때문에 PD-L1과 결합할 여지가 없기 때문이다.

이 항체가 바로 우리가 말하는 면역항암제이다. 브레이크 단백질, 즉 면역관문 단백질의 기능을 억제한다는 점에서 이런 방식의 면역항암제를 면역관문억제제라고도 부른다. 지미 카터를 살린 면역항암제의 원리는 암세포가 T-세포의 브레이크 기능을 켜지 못하도록 차단해, 결과적으로 T-세포가 암세포를 공격하도록 하는 것이었다.

1992년 혼조 타스쿠Tasuku Honjo 일본 교토대 교수는 세계 최초로 PD-1을 발견하고, PD-1이 어떤 역할을 하는지를 규명했다. 이후 혼조 교수팀은 PD-1 항체를 만들어 의약품으로 개발했다. 일본 보건당국은 2014년 이 의약품을 흑색종 치료제로 승인했다. 이는 PD-1의 기능을 억제하는 방식의 의약품으로는 세계 최초다. 이후 미국 FDA는 2014년 12월 이 의약품을 흑색종 치료제로 승인했다. 이어 2015년 3월에는 폐암 치료제로, 11월에는 신장암 치료제로 승인했다.

한편 1990년 미국 UC버클리대의 제임스 앨리슨James Allison 교수는 또 다른 면역 브레이크인 'CTLA-4'를 발견했다. CTLA-4는 PD-1과 같은 면역관문 단백질이지만, 작동하는 방식은 약간 다르다. 그러나 CTLA-4 역시 항체를 이용해 암세포가 브레이크를 막는 기능을 억제하고, T-세포의 브레이크를 풀어 강력하게 암세포를 공격한다는 점에서는 PD-1과 같다.

CTLA-4 항체는 PD-1 항체보다 앞선 2011년에 FDA로부터 흑색종 치료제로 승인됐다. 이들 면역항암제는 모두 처음에 흑색종에 대한 항암제로 승인받았는데, 여기에는 몇 가지 이유가 있다. 우선 흑색종의 경우, 인터루킨-2interleukin-2와 같이 면역항암제가 개발되기 이전부터 면역 반응을 유도하는 물질을 투여하는 치료법이 있어왔다. 흑색종은 이미 수십 년 전부터 면역치료가 잘 듣는 암으로 알려져 있었기 때문에 면역항암제의 개발 과정에서 가장 먼저 연구가 시작된 것이다.

2000년대 초반까지만 해도 흑색종과 신장암 등 두 가지 암만이 면역 치료에 반응을 보이는 암이라는 것이 의학계의 통념이었다. 하지만 최근 개발된 면역항암제(PD-1, CTLA-4)는 매우 다양한 암에서 정도의 차이는 있지만 골고루 효과를 보이기 때문에, 모든 암의 진행과정에서 면역반응이 중요하다는 것이 현재의 통념이다.

여러 암을 대상으로 한 면역항암제 임상시험에서 흑색종에 이어 폐암과 신장암 순으로 탁월한 효과가 나타났고, 이에 따라 두 치료제는 폐암과 신장암의 치료제로도 FDA 승인을 받았다. PD-1과 CTLA-4를 각각 규명한 타스쿠 혼조, 제임스 앨리슨 교수는 이에 대한 공로로 2018년 노벨 생리의학상을 수상했다. 앞서 설명한 메치니코프와 에를리히가 면역학 연구에 대한 공로로 노벨 생리의학상을 받은 것이 1908년이었다. 그로부터 정확히 110년이 지난 2018년, 노벨 생리의학상은 면역관문억제제라는 최신 항암 치료 방법을 개발한 과학자에게 돌아간 것이다.

이들 가운데 혼조 교수는 필자와는 특별한 인연이 있어, 그의 노벨상 수상은 남다르다. 2018년 6월 필자는 당시 이미 노벨상의 유력 수상자로 거론되던 혼조 교수가 한국에 방문했다는 소식을 듣고 그를 인터뷰했는데, 주요 내용은 PD-1과 관련한 것이었다. 인터뷰는 10여 분 정도 순조롭게 진행됐고, 마지막 질문으로 혼조 교수에게 노벨상 수상 가능성에 대해 질문했다. 그때 혼조 교수가 남긴 대답이 지금도 잊혀지지가 않는다. 인터뷰 내용을 궁금해 할 독자들을 위해 영어 원문을 함께 적어본다.

> "가장 중요한 것, 혹은 가장 내가 무언가를 이뤄냈다고 느낀 가장 중요한 순간은 환자나 환자의 친구들이 내게 와서 '당신이 내 삶을 구했어요' 라고 말하는 순간입니다. 이 순간이 내게 가장 흥분되고 의미 있는 시간이예요. 그래서 상은 상이지만, 상을 받는다는 것은 좋은 일이지만, 이것이 내게 가장 중요한 일은 아닙니다."

"The most important thing, or the best time I feel I have done something, is when I meet the patients and patients' friends who tell me directly 'you saved my life'. This is the most exciting and the valuable moment to me, so the prize is prize, it's nice to have prize, but [it's] not the most important thing to me."

　이번에는 바이러스를 이용하는 또 다른 흑색종 치료 전략에 대해서 알아보자. 바이러스는 우리 몸에 병을 일으키는 해로운 존재이지만, 한 가지 중요한 특징을 띠고 있다. 바로 인체 세포에 침입하는 능력이다. 바이러스의 이 같은 감염 능력을 정상세포가 아닌 암세포에 적용할 수 있다면 어떨까? '암세포 살상 바이러스oncolytic virus'의 개발은 이 같은 아이디어에서 출발했다.

　'oncolytic'이라는 말에서 onco는 암세포를 뜻하며, lytic은 깨고 나온다는 의미다. 그러니깐 oncolytic virus는 암세포를 깨고 나오는 바이러스 정도로 이해할 수 있다. 2015년 미국 FDA는 세계 최초로 암세포 살상 바이러스 임리직을 흑색종 치료제로 승인했다. 이 약은 1형 헤르페스 심플렉스 바이러스Herpes Simplex Virus, HSV type1를 유전자 변형해 사용한다.

　이 바이러스를 자연 상태 그대로 치료용으로 이용하는 것은 아니다. 암세포를 효과적으로 없앨 수 있도록 과학자들은 유전자를 손질했다. HSV 1형 바이러스에 감염되면 입 주위와 점막에 물집이 생기는데, 피부 세포에 잘 침입하는 특성이 있기 때문이다. 이처럼 바이러스마다 특별히 잘 감염하는 세포들이 있다. 예를 들면 에이즈 바이러스의 경우에는 면역세포 가운데에서도 특별히 T-세포에 감염한다. 지카 바이러스는 뇌세포 중에서도 신경 전구세포를 선호한다.

HSV 1이 피부 세포에 잘 감염하는 특징은 피부암의 일종인 흑색종 치료에 사용될 수 있다는 점을 의미한다. 과학자들의 고민은 이 바이러스가 어떻게 정상 피부세포가 아닌 피부암세포에만 감염되도록 만드는가 하는 것이었다.

바이러스가 정상세포에 감염하면, 정상세포의 입장에선 외부에서 침입자가 들어온 것이기 때문에 일종의 스트레스 반응을 일으켜 죽게 된다. 그런데 바이러스는 자신이 침입한 세포가 스트레스 반응을 일으키지 못하도록 억제하는 물질을 갖고 있어, 일반적인 경우 바이러스에 감염되어도 정상세포가 살아남는 것이다.

암세포 살상 바이러스의 경우엔 이 스트레스 반응 억제 물질을 유전공학적으로 제거했다. 이렇게 되면 암세포 살상 바이러스가 정상세포에 침입해도 정상세포는 스트레스 반응으로 죽어버리기 때문에, 암세포 살상 바이러스가 정상세포에서 증식할 수 없게 된다. 반면 암세포에 암세포 살상 바이러스가 침입한 경우엔, 암세포는 이미 비정상적인 세포로 특성이 변했기 때문에 스트레스 반응과 무관하게 생존할 수 있다. 그래서 암세포에 침입한 암세포 살상 바이러스는 증식할 수 있게 된다.

그렇다면 이런 면역항암제의 효율을 높이는 방법과 항암 치료에서 면역항암제가 가지는 의미는 무엇일까?

기적의 면역항암제…그 한계를 넘어

2018년 노벨 생리의학상을 공동 수상한 제임스 앨리슨 교수가 면역관문 단백질 'CTLA-4'를 처음 발견했던 해는 1990년이었다. 그리고 2011년, 이 단백질을 억제하는 방식의 면역항암제가 실제로 시판되었다. 시장에 등장한 지 10년 남짓밖에 되지 않은 최신 암 치료제인 것이다. 앞서 기술했지만, 면역항암제는 시한부 인생이었던 지미 카터 전 미국 대통령에게 완치를 선물하면서 전 세계적인 주목을 받았다. 이에 따라 면역항암제를 사용하면 거의 모든 암을 완치할 수 있을 것이란 기대가 모아지기 시작했다.

면역항암제는 인체의 면역세포를 이용한다는 점에서 이전의 항암제와는 근본적인 차이가 있다. 항암제의 역사를 살펴보면 1세대와 2세대 항암제는 각각 합성 화학물질과 바이오(항체) 물질이었다는 점에서 그 특성은 다르지만, 일종의 분자(화학물질과 생체물질인 항체)를 이용한다는 점에서는 공통점을 가지고 있다.

반면 면역항암제는 면역세포를 활성화한 세포 자체를 이용한다. 다시 말해 1세대와 2세대를 거쳐 3세대로 넘어오면서 항암 치료의 패러다임이 분자molecule에서 세포cell로 전환되고 있음을 시사한다.

물론 면역항암제가 면역관문 단백질을 억제하는 항체를 이용해 면역세포의 브레이크 기능을 푼다는 점에서 이를 항체 의약품으로 볼 수도 있다. 하지만 실제 암세포를 공격하는 역할을 면역세포가 담당한다는 점에서 2세대 항체 치료와는 현격한 차이점이 있다. 면역항암제와 함께 면역 항암 치료의 쌍두마차로 불리는 'CAR-T'까지 포함하면 면역세포 치료의 개념은 더욱 공고해진다.

면역항암제는 몇 가지 특징을 가지고 있는데, 그중 하나가 내성 문제에서 비교적 자유롭다는 것이다. 항생제의 내성 문제는 감염병 치료의 큰 걸림돌이다. 항암제 역시 마찬가지다. 암세포 역시 유전자 돌연변이가 나타나는데, 그럴 경우 기존 항암제가 잘 들질 않는 내성 문제가 일어날 가능성이 커진다. 그런데 이 유전자 돌연변이가 일어날 때마다 그에 맞는 새로운 약을 개발하는 것은 사실상 불가능하다. 약이라는 게 어느 날 뚝딱 만들어 낼 수 있는 것이 아니기 때문이다.

그러나 면역항암제는 이렇게 유전자 돌연변이가 잘 일어나는 암을 효과적으로 공격할 수 있다는 점에서 강점이 있다. 앞서 면역세포는 내 것과 내 것이 아닌 것을 구별해 공격하는 능력이 탁월하다고 설명했다. 암세포에 돌연변이가 많이 일어나면 일어날수록 암세포는 점점 더 '내 것'이 아니라 '내 것이 아닌 것'이 된다. 때문에 암세포가 돌연변이를 일으킬수록 '내 것이 아닌 것', 즉 면역세포가 인지할 수 있는 표적이 더 늘어나게 되는 것이다.

면역항암제가 처음에는 대부분 흑색종 치료용으로 승인받았지만, 이후 폐암과 신장암, 호지킨 림프종 등으로 적용 범위를 넓혀가고 있는 점도 주목할 만하다. 하지만 이 같은 장점에도 불구하고 면역항암제 역시 한계는 있다. 예를 들어 흑색종을 앓고 있는 환자라고 해서 모든 환자가 다 면역항암제의 치료 효과를 볼 수 있는 것은 아니다. 대략 10명 가운데 3명 정도만 치료 효과를 보는 것으로 알려졌다. 그렇다면 왜 어떤 사람에게서는 치료 효과가 좋고 또 어떤 사람에서는 그렇지 않은 걸까?

사실 이 같은 개인별 차이는 면역항암제뿐만 아니라 모든 항암제에서 나타나는 현상이기도 하다. 결론부터 말하면 같은 종류의 암을 앓고 있다고 하더라도 사람마다 그 암의 특성이 모두 다 다르기 때문이다. 암세포에 돌연변이가 많으면 우리 몸의 면역 반응이 잘 유도된다. 이런 암을 '핫 튜머hot tumor'라고 부른다. 기본적으로 면역항암제는 면역세포가 암을 공격하는 원리이기 때문에 암세포 주변에 면역세포가 많은 환경이 조성돼야 치료 효과가 좋다. 이런 환경이 일종의 핫 튜머 환경인데, 이것이 개인마다 차이가 있다는 설명이다.

또 면역관문 단백질을 억제하는 것이 암을 공격하는 좋은 전략이기는 하지만, 암세포는 이에 대항할 수 있는 무수히 많은 또 다른 전략을 구사할 수 있다는 것도 문제다. 이런 이유 등으로 사람에 따라, 또 암의 종류에 따라 면역항암제의 치료 효과가 차이나는 것이다.

그렇다면 면역항암제의 치료 효과를 높이는 방법에는 어떤 것들이 있을까? 여러 방법이 연구되고 있는 가운데 과학자들이 주목하는 것은 이른바 '병행 치료'이다. 병행 치료는 하나의 항암제와 또 다른 항암제를 혼합해서 처방하는 전략이다. 면역항암제인 PD-1과 CTLA-4를 각각 단독으로 사용하는 것보다 혼합해 사용하는 것이 항암 치료 효과가 더 좋다는 연구결과가 보고됐다.

또 면역항암제와 암세포 살상 바이러스의 조합이나 면역항암제와 기존 항암제의 조합도 치료 효과를 높이는 것으로 보고됐다. 여기에 더해 면역항암제와 다음 장에서 다룰 CAR-T의 조합도 주목할 만한 성과를 보였다. 암세포를 공격할 때 원 펀치, 투 펀치를 연이어 날리는 전략을 구사하는 것이다. 이처럼 암 치료를 위한 새로운 전략들이 속속 나타남과 함께 인류의 암 정복도 그만큼 앞당겨질 것으로 기대된다.

6. 백혈병

혈액세포에 암이 생기다…백혈병

우리 몸에는 백혈구와 적혈구, 혈소판 등의 혈액세포가 존재한다. 그런데 백혈구나 적혈구 등의 이름은 한 번쯤 들어봤을지 모르겠지만, 이들도 나름의 계통도를 가지고 있다는 사실을 알고 있는가? 백혈병을 치료하는 'CAR-T' 기술에 대해서 자세히 알아보기 전에, 먼저 이들의 계보를 한번 살펴보도록 하자.

모든 혈액세포는 조혈모세포hematopoietic stem cell로부터 분화한다. 조혈모세포는 크게 림프구성 조상세포lymphoid progenitor와 골수성 조상세포myeloid progenitor로 분화한다. 림프구성 조상세포는 앞서 등장했던 B-세포와 T-세포, 자연살해세포 등의 면역세포로 분화한다. 이들 세포는 특별히 림프구라고 부르며, 백혈구라고도 부른다. 반면

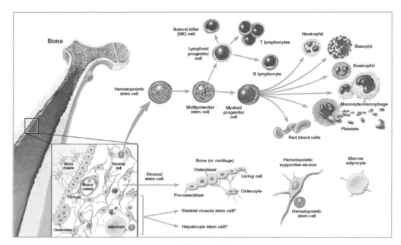

혈액세포 관계도

골수성 조상세포는 적혈구와 혈소판, 대식세포, 과립구 등으로 분화
한다.

　앞서 등장한 모든 혈액세포의 조상인 조혈모세포는 우리 몸의 뼈
내부인 골수bone marrow에 존재한다. 혈액세포에 생기는 암인 혈액암
중 가장 친숙한 백혈병leukemia은 이 골수에서 발병하는데, 골수에 존
재하는 미성숙 세포들이 암세포로 변하는 것이 가장 큰 이유다. 백혈
병은 병의 악화 속도에 따라 급성과 만성으로 나뉘고, 미성숙 세포의
기원에 따라 골수성myeloid과 림프구성lymphoblastic 백혈병으로 나눌
수 있다.

　골수성이라는 말은 림프구를 제외한 미성숙 백혈구에 문제가 생

겨 발병했다는 뜻이고, 림프구성이라는 말은 림프구에 문제가 생겨 발명했다는 뜻이다. 이런 분류에 따라 백혈병은 크게 네 가지 분류로 나뉘는데, 급성 골수성 백혈병acute myeloid leukemia, 급성 림프구성 백혈병acute lymphoblastic leukemia, 만성 골수성 백혈병chronic myeloid leukemia, 만성 림프구성 백혈병chronic lymphocytic leukemia이 바로 그 것이다.

한편 혈액암 중에는 백혈병 이외에도 림프종lymphoma이 있다. 림프종은 성숙한 림프구가 암세포로 변해 일어나는 병으로, 병이 일어나는 장소가 주로 림프절lymph node이나 비장spleen 등 림프 조직에서 발생한다는 점에서 백혈병과 차이가 있다.

암과 싸우는 체내 군대인 면역세포가 혈액세포인 만큼, 혈액암은 특히 면역세포와 밀접한 관련이 있다. 그래서 면역세포를 이용하는 최신 암 치료 방법인 'CAR-T'가 혈액암에 우선 적용된 것이다. 이번 장에서는 이 혁신적인 치료법인 CAR-T를 에밀리 화이트헤드의 사례를 통해 자세히 알아볼 것이다.

유전공학으로 탄생한 슈퍼 T-세포 'CAR-T'

2010년, 당시 5살이었던 에밀리 화이트헤드Emily Whitehead는 급성 림프구성 백혈병을 진단받았다. 에밀리는 두 번의 항암 치료를 받았지만 결과가 좋지 않았고, 16개월 만에 암이 재발했다. 당시 에밀리를 치료했던 의사는 골수 이식을 권했지만, 에밀리의 부모는 부작용

에밀리 화이트헤드 / ⓒ NIH

에 대한 우려로 선뜻 결정을 내리지 못했다. 골수 이식 이외의 다른 치료 방법을 찾던 에밀리의 부모는 펜실베이니아 아동병원 연구팀이 수행하고 있는 새로운 연구에 대한 소식을 접하게 된다.

펜실베이니아 대학의 칼 준Carl June 교수 연구팀이 'CART-19'로 불리는 새로운 백혈병 치료제를 개발하고 있다는 소식을 들은 에밀리의 가족은 새로운 희망을 품게 되었다. CART-19은 면역세포 가운데 하나인 T-세포를 유전공학으로 변형해, 암세포를 강력하게 공격하도록 만든 새로운 개념의 세포 치료 방법이다. 이 치료법을 적용하면 골수 이식의 부작용을 염려할 필요가 없었다. 하지만 아직 이 치료제는 FDA에서 정식으로 승인을 받은 상태가 아니었고, 에밀리의 가족은 이 치료제가 승인을 받을 때까지 새로운 치료 방법을 시도할 엄두를 내지 못하고 있었다.

그 사이 에밀리는 병세가 악화되어 강도 높은 항암 치료를 받았지만, 큰 차도가 없었다. 선택의 여지가 없었던 에밀리의 부모는 결국 아직 정식 승인을 받지 않은 CART-19의 임상시험에라도 참여하기로 최종 결정했다. 이에 따라 5살 에밀리는 세계 최초로 CART-19 치료를 받은 환자로 기록되었다. 기대와 우려 속에 진행된 CART-19 치료 이후, 에밀리는 현재까지 건강하게 지내고 있다.

2017년 미국 FDA는 CART-19을 백혈병 치료제로 승인했다. 이로써 CAR-19는 세계 최초의 CAR-T 치료제로 이름을 올릴 수 있었다. 차세대 치료제로 각광받고 있는 CAR-T 치료제는 유전자 치료제이면서 면역세포 치료제이다. 이 말이 무슨 말인지를 이해하기 위해서는 먼저 CAR-T가 무엇을 뜻하는지부터 살펴볼 필요가 있겠다.

CAR-T의 'T'는 T-세포를 의미한다. 이제 친숙해진 T-세포는 B-세포와 함께 면역세포를 대표하는 세포다. 참고로 T-세포의 T는 가슴샘Thymus이라는 뜻으로, 골수에서 만들어진 뒤 가슴샘에서 성숙하는 특성을 띠기 때문에 이런 이름이 붙었다. 앞서 등장했듯이, 여러 T-세포 가운데 암세포를 공격하는 T-세포를 세포 독성 T-세포라고 부른다.

CAR-T의 'CAR'는 키메라 항원 수용체Chimeric Antigen Receptor라는 뜻이다. 이제 각각의 글자가 무엇을 의미하는지 자세히 알아보자.

먼저 'C'의 키메라는 암세포에만 존재하는 특정 항원과 결합하는 단백질을 인위적으로 만들었다는 것을 뜻한다. 앞서 등장했던 'A'의 항원은 세균이나 바이러스, 암세포 등 우리 몸의 면역계가 싸워야 할 적군이 가지고 있는 특정 단백질을 말한다. 항원은 적군임을 드러내는 일종의 '표지'라고 설명했다. 그래서 면역세포가 항원을 인식하는 것은 굉장히 중요하다. 만약 이 항원을 제대로 인식하지 못하면, 적응성 면역 반응, 즉 적군을 공격하는 것 자체가 이뤄지지 않기 때문이다. 마지막으로 'R'은 수용체를 의미하는데, 암세포의 특정 항원과 결합한다는 뜻이다.

에밀리의 사례를 한번 살펴보자. 급성 림프구성 백혈병은 우리 몸에서 B-세포가 과다하게 많이 만들어져 문제를 일으키는 백혈병이다. 그런데 급성 림프구성 백혈병을 일으키는 악성 B-세포는 특이적으로 'CD-19'이라는 단백질을 세포 표면에 많이 가진다. 이 CD-19이 바로 "나는 적군이다"라고 면역세포에 알려주는 항원, 즉 '표지'로 작동하는 것이다. 그래서 CD-19과 결합하는 수용체 단백질로 만든 것이 바로 키메라 항원 수용체 'CAR'인 것이다. 다시 말해 CART-19은 백혈구 중에 CD-19을 가진 악성 백혈구와 정확하게 결합해, 악성 백혈구를 파괴하는 T-세포를 말한다.

그렇다면 CAR-T는 어떻게 만들 수 있을까? 방법은 이렇다. 우선 환자 본인에게서 T-세포를 추출한다. 이후 CAR 유전자를 T-세포에 주입해 CAR를 발현할 수 있도록 T-세포의 특성을 바꾼다. T-세포 안에 주입된 새로운 유전자인 CAR는 T-세포 안에서 다른 유전자처럼 자연스럽게 단백질로 발현된다. 이후 CAR-T 세포의 수를 치료에 쓸 수 있을 만큼 충분히 늘린 뒤, 이를 다시 환자에게 주입한다.

CAR-T는 면역세포인 T-세포 자체를 이용한다는 점에서 면역세포 치료제라고도 불리고, 원래 환자가 지닌 유전자가 아닌 CAR라는 유전자를 T-세포를 통해 우리 몸에 전달한다는 점에서 유전자 치료제라고도 부른다. 또 면역세포를 이용해 암을 치료한다는 점에서 면역 항암 치료immuno-oncology라고도 부른다. 어떤 이름으로 부르든 CAR-T는 지금까지는 없었던 새로운 개념의 항암 치료이며, 최근 항암 치료의 대세로 불리는 면역관문억제제와 함께 차세대 항암 치료의 핵심으로 꼽히고 있다.

CAR-T 치료는 임상시험에서 놀라운 결과를 보였는데, 63명의 급성 림프구성 백혈병 아동을 대상으로 한 임상시험에서 3개월 만에 83%의 환자의 암세포가 완전히 제거됐다. 2023년까지 미국 FDA는 총 6종의 CAR-T 치료제를 승인했다.

CAR-T 치료제는 기존 항암제와 비교해 몇 가지 장점이 있다. 첫 번째는 우리 몸에 존재하는 면역세포를 활용한다는 점이다. 이는 합성화학물질을 이용하는 1세대 항암제와 비교하면 독성이 거의 없다는 점을 의미한다. 두 번째는 환자 자신의 면역세포를 이용한다는 점에서 환자 맞춤형 치료라는 의미가 있다. 세 번째는 암세포만을 표적으로 하는 특정 항원(CAR)을 이용한다는 점에서 정상세포를 건드리지 않고 암세포만 정밀하게 타격할 수 있다는 것이다. 이렇게 암세포마다 특이적으로 존재하는 항원을 만든다면, 이론적으로는 백혈병이외에도 다양한 암에 적용할 수 있다.

마지막으로 CAR-T는 치료 효과가 반영구적이라는 점에서 뛰어나다. 면역세포는 한 번 외부의 적이라고 인식해 공격하면 그 적을 기억해 두는 특징이 있다. 이를 '면역 기억immune memory'이라고 한다. 이 말은 한 번 CAR-T 치료로 치료한 암은 이후 다시 재발하더라도 우리 몸의 면역세포가 이를 적으로 인식해 다시 공격한다는 뜻이다. 한 번의 치료로 평생 효과를 볼 수 있는 것이다.

CAR-T의 이 같은 장점에도 불구하고 부작용 우려 또한 존재한다. 미국 FDA는 2023년 11월 CAR-T 치료제의 2차 암 위험성을 조사한다고 밝혔다. FDA는 시판 후 부작용 조사와 임사시험 데이터 등에서 입원과 사망 등 총 19건의 관련 보고를 받아 추가 조치가 필요한지 검토한다고 밝혔다. 다만 FDA는 현재로선 이들 제품의 효능이 위험 가능성, 즉 부작용을 여전히 능가한다고 덧붙였다.

Next CAR-T

그렇다면 암 치료의 새로운 혁신으로 불리는 CAR-T에 부작용은 없는 것일까? 세계 최초로 CAR-T 치료를 받았던 에밀리 화이트헤드의 사례를 다시 한번 살펴보자. 3번째 CART-19 치료를 받은 에밀리는 고열과 호흡 곤란 등에 시달렸다. 이 증상은 일명 '사이토카인 폭풍cytokine storm'이라고 불리는 '사이토카인 분비 신드롬cytokine release syndrome'이다. 현재는 이 증상에 대한 연구가 많이 이뤄졌지만, 당시에는 이 증상의 원인이 무엇인지, 또 어떻게 다루어야 하는지에 대해 잘 알지 못했다.

사이토카인 폭풍은 면역세포가 과도하게 활성화되어 면역 물질인 사이토카인을 지나치게 많이 분비해 우리 몸에 문제를 일으키는 증상을 말한다. 사이토카인은 면역세포가 분비하는 단백질을 통틀어 일컫는다. CAR-T는 면역세포를 강력하게 활성화하는 기법이므로, 이로 인해 사이토카인이 과도하게 분비하는 현상이 발생하는 것이다. 당시 연구진은 에밀리에게 나타난 증상의 원인을 알기 위해 혈액 시료를 분석했다. 그 결과 에밀리는 인터루킨-6interleukin-6라는 면역 물질이 정상보다 1,000배 이상 많은 것으로 나타났다.

다행히도 인터루킨-6의 수치를 효과적으로 낮출 실마리는 류머티즘관절염 치료제인 '토실리주맙tocilizumab'에서 나왔다. 류머티즘관절염을 앓고 있는 아동이 이 약을 처방받고 인터루킨-6의 수치가 낮아졌다는 연구결과가 있었기 때문이다. 연구팀은 토실리주맙을 에밀리에게 투여했고, 투여 후 한 시간도 채 안 돼 증상은 호전됐다. 현재 토실리주맙은 사이토카인 폭풍을 다루는 데 종종 쓰이고 있다.

그러나 CAR-T의 또 다른 부작용인, 뇌에 수분이 과도하게 축적돼 부피가 커지는 '뇌부종cerebral edema'에 대해선 아직 많은 연구가 진행되지 않았고, 이로 인해 뇌부종 부작용은 아직 다루기가 힘든 것이 현실이다. 그렇다면 CAR-T의 치료 효과는 높이면서 부작용을 낮추는 방법은 없는 것일까?

이에 따라 다양한 전략을 구사하는 연구가 진행되고 있다. 이를테면 '자살 유전자suicide gene'를 CAR-T에 도입하는 것이다. CAR-T 세포가 과다하게 사이토카인을 분비하면 CAR-T 세포 표면에 발현한 자살 단백질과 사이토카인이 결합하고, 이 결합이 CAR-T 세포에 '자살' 신호를 유발하는 원리이다. 세포는 외부에서 특정 신호를 받으면 세포 자살apoptosis이라는 일종의 자살 프로그램을 가동한다. 이 경우엔 사이토카인 폭풍으로 과다하게 분비된 사이토카인이 세포 자살 프로그램을 시작시키는 일종의 방아쇠trigger 역할을 한다.

또 다른 방법으로는 항원을 2개 이상 사용하는 전략이 있다. 에밀리 화이트헤드에게 사용된 CAR-T는 'CART-19'라고 해서 B-세포 표면에 존재하는 항원 CD-19를 겨냥해서 제작됐다. 이 경우 CAR-T가 인식하는 암세포의 항원은 CD-19 하나이다. 그런데 1개의 항원이 아닌 2개의 항원을 인식하도록 CAR-T를 만들면 어떨까? 2개의 항원을 구사하는 CAR-T 전략은 항원을 단독으로 사용하는 것보다 부작용이 덜 한 것으로 보고됐다.

CAR-T를 켰다, 껐다 하는 일종의 '스위치' 전략도 있다. 이 방법의 핵심은 CAR를 유전공학적으로 조금 손질하는 것이다. CAR-T와 반응하는 특정 물질을 투여했을 때에만 CAR-T가 활성이 되도록 유전자를 조작한다. 이 경우에는 반드시 CAR-T를 작동시키는 특정 물질을 주입받아 이 물질이 우리 몸속에 있어야만 CAR-T가 작동한다. 특정 물질이 없으면 CAR-T가 작용하지 않기 때문에 CAR-T를 좀 더 정교하게 조절할 수 있다.

CAR-T는 비용 문제도 안고 있다. CAR-T 치료는 한 번 치료비용이 47만 5천 달러, 우리 돈으로 5억 3천만 원에 달한다. 일반 환자가 감내할 수 있는 비용이 아니다. 물론 CAR-T 치료가 최신 치료 기술이기 때문에 앞으로 과학기술이 더 발전해 제작 공정이 단순해지면, 비용은 더 낮아질 수 있다. 그러나 언제나 제기되는 고비용 문제는 CAR-T의 대중화를 넘어, 고가 의약품에 대한 사회적 논의가 지속적으로 필요하다는 점을 시사한다.

한편 백혈병은 혈액암의 일종으로 폐암과 유방암 등 고형암solid cancer과는 다른 암이다. 때문에 CAR-T는 혈액암에 탁월한 효과를 보이는 데에 반해, 고형암 치료에서는 고전을 면치 못하고 있다. 혈액암의 경우 CD-19처럼 비교적 표적이 되는 단백질이 뚜렷하다. 반면 고형암의 경우에는 T-세포의 표적이 되는, CD-19과 같은 항원이 뚜렷하지 않은 것으로 알려져 있다.

그러나 앞에서도 기술했지만, 면역관문억제제와 CAR-T를 같이 사용할 경우에는 고형암 치료에서도 주목할 만한 결과를 보이고 있다. 이에 따라 CAR-T와 면역항암제, 또는 기존 항암제가 함께 병행될 때 효율이 얼마나 향상될지가 이 분야 연구의 최신 트렌드가 되고 있다.

7. 뇌종양

뇌종양 원흉 '암 줄기세포'

1967년 베트남 전쟁 당시, 30살의 한 미국 군인은 군사 작전 수행 중 총에 맞는다. 구사일생으로 살아났지만, 5년 동안 포로 생활을 하게 되었다. 갖은 고문으로 고초를 겪었지만, 그는 끝내 이에 굴하지 않았다. 하지만 이 30대의 전쟁 영웅도 80대의 노인이 되어 싸운 병마와의 전쟁에서는 이길 수 없었다. 2018년 8월 25일 숨진 미국 공화당 상원의원 존 매케인John McCain III의 이야기다.

매케인은 뇌종양의 일종인 '교모세포종glioblastoma'을 앓고 있었다. 뇌에서 발생하는 종양 가운데 가장 많이 발생하는 교모세포종은 진단을 받고 치료를 받더라도 생존 기간이 14개월에 불과할 정도로 악명 높은 질병이다. 인구 십만 명당 1명 꼴로 발병하는 이 질병은, 항암 치료를 받더라도 대부분 6개월 이내 재발한다.

아직 발병 원인이 밝혀지지 않은 교모세포종 치료는 현재 수술과 방사선 치료, 항암제 투여 등의 방법을 사용해 이뤄진다. 임상의들은 교모세포종 수술 이후 이뤄지는 방사선 치료나 항암 치료가 암 재발을 억제하는 효과는 분명히 있지만, 방사선이나 항암치료를 하더라도 반드시 암이 재발한다고 말한다. 이는 교모세포종을 치료하는 신경외과 의사들을 괴롭히는 주요 원인 가운데 하나이다. 그렇다면 도대체 왜 교모세포종은 완전히 제거되지 않고 재발하는 것일까? 이를 설명할 수 있는 한 요인으로 암 줄기세포를 꼽을 수 있다.

'라스Ras'라는 단백질이 있다. 무게가 21킬로달톤KDa(단백질의 무게 단위) 정도인 라스 단백질은 모든 동물세포에서 발현되며, 세포의 성장과 분열에 관여한다. 또 GDP라는 분자와 결합하면 불활성화 상태가 되며, GTP 분자와 결합하면 활성화 상태가 된다. 평상시에는 라스 단백질에 GDP와 GTP가 자유자재로 붙었다 떨어졌다 하면서 세포의 성장을 조절한다.

그런데 이 라스 유전자에 돌연변이가 발생하면, 항상 GTP가 붙게되어 언제나 활성화된 상태가 된다. 이렇게 되면 GDP와 결합하는 불활성화 상태로 돌아가지 못해, 세포에 지속해서 성장과 분열 신호를 보낸다. 그리고 결국 암세포로 변하게 되는 것이다. 이 때문에 돌연변이 라스 단백질을 발암 유전자, 좀 더 정확히 말하면 '프로토-온코진proto-oncogene'이라고도 부른다. Oncogene은 암 유전자를 의미하며, Proto는 암 유전자로 발전할 가능성이 있다는 뜻이다. 평상시에는 세포 성장을 돕는 좋은 기능을 수행하지만, 돌연변이가 되면 암을 일으키는 나쁜 역할을 하는 것이다.

돌연변이 라스 단백질은 모든 암의 3~40% 정도에서 발견된다. 특히 대장암의 40%, 췌장암의 90%에서 돌연변이 라스 단백질이 발견되고 있다. 그래서 돌연변이 라스 단백질은 암 발생과 관련해 가장 중요한 인자 가운데 하나로 꼽는다. 이런 이유로 많은 과학자가 돌연변이 라스를 겨냥한 항암제 개발을 시도했지만, 번번이 실패했다. 여러 이유가 있는데, 그 가운데 하나는 돌연변이 라스 단백질에 붙은 GTP 분자를 떼어내기가 쉽지 않다는 점이다.

돌연변이 라스를 겨냥한 숱한 항암제 개발의 실패는 암 치료에 있어 회의론을 불러오기도 했다. 로버트 와인버그Robert Weinberg MIT 교수는 인간 세포에서 라스 발암 유전자를 발견한 과학자 가운데 한 명이다. 『암의 생물학Biology of Cancer』의 저자이기도 한 와인버그 교수는 암 연구의 석학으로 꼽힌다. 그런 그가 지난 40년 동안 인류의 암에 대한 이해가 제자리에 머무는 수준에 그치고 있다고 고백했다. 그는 암은 발병 원인도 다양하고 그 자체로도 변하기 때문에 같은 암이라도 사람에 따라 암의 원인이 다 다르다고 주장했다. 암을 완치하는 것이 사실상 불가능에 가깝다고 판단한 것이다.

그런데 이렇게 암 치료에 회의적이었던 와인버그 교수가 최근 새로운 희망을 보았다고 말했다. 바로 '암 줄기세포Cancer Stem Cell' 때문이다. 이름부터 생소한 암 줄기세포 연구가 본격적으로 시작된 것은 불과 30여 년도 채 되지 않았다. 1997년 캐나다 토론토대 연구팀이 혈액암 환자에게서 암 조직을 형성할 수 있는 특별한 암세포가 존재한다는 점을 규명했다. 암 줄기세포 연구의 서막이었다. 이후 뇌종양과 대장암, 유방암과 간암, 위암, 췌장암, 피부암 등 여러 암 조직에서 암 줄기세포의 존재가 보고됐다.

암 치료의 새로운 희망으로 떠오른 암 줄기세포란 무엇일까. 암 줄기세포는 암 조직 내에서 1~3%만 있을 정도로 극소수의 양으로 존재한다. 양으로는 아주 적게 존재하지만, 암 줄기세포는 몇 가지 중요한 특징을 띤다. 바로 자기재생능력self-renewal과 다른 세포로 분화할 수 있는 능력potency, 그리고 실질적으로 암을 일으킬 수 있는 능력tumorigenicity을 갖고 있다는 것이다. 이를테면 줄기세포의 암 버전이라고 볼 수 있다. 이 같은 암 줄기세포의 특징들이 암 치료를 어렵게 만드는 주요 요인으로 작용한다.

암 줄기세포의 자기재생능력은 항암 치료 이후 암이 재발하는 주요 요인 중 하나이다. 환자가 항암 치료를 통해 대다수의 암세포를 제거했더라도 소수의 암 줄기세포가 죽지 않고 살아남아 있다면, 이 암 줄기세포가 매우 빠른 속도로 암을 재건하는 것이다.

암 줄기세포는 암의 전이에도 중요 임무를 수행한다. 우리 몸속의 지방은 일종의 에너지 저장고라고 볼 수 있다. 비유하자면 자동차의 기름과 같다. 암세포가 다른 조직으로 퍼지기 위해서는 많은 양의 에너지를 써야 하는데, 암 줄기세포는 우리 몸속의 지방산을 흡수해 에너지로 저장하고 있다가 암세포의 전이에 활용한다. 자동차 기름 탱크에 기름을 비축해 뒀다가 필요할 때 꺼내 쓰는 것과 같은 이치다.

암 줄기세포는 항암제 내성에도 관여한다. 이른바 약물 저항성이 생긴다는 것인데, 항암제를 투여 받을 때 암 줄기세포는 이를 튕겨낸다. 즉 암 줄기세포 안에 있는 특정 단백질은 항암제와 같은 물질이 세포 내에 들어오면 그것이 축적되지 못하도록 외부로 배출하는 작용을 한다. 암 줄기세포의 입장에서는 일종의 자기방어 시스템인데, 이것이 항암 치료를 어렵게 하는 요인으로 작용하는 것이다.

그렇다면 암 줄기세포는 어떻게 생겨나는 것일까? 암 줄기세포의 근원을 안다면 박멸하는 것 역시 가능하지 않을까? 아쉽게도 아직 암 줄기세포의 근원에 관해서는 견해가 갈리고 있다. 크게 두 가지 견해가 있다. 한 가지 견해는 우리 몸의 줄기세포가 암이 되어 암 줄기세포가 된다는 것이고, 다른 견해는 암이 증식하면서 일부 암세포들이 암 줄기세포가 된다는 견해다.

현재 학계에서는 후자의 견해에 무게를 두고 있다. 이 견해는 왜 암을 조기에 치료하는 것이 중요한지를 설명해 주는 한 요인이 되고 있다. 암세포가 암 줄기세포로 진화하기 이전에 암을 치료해야 완치율이 높다는 것이다. 암 줄기세포가 생성된 이후에 항암 치료를 하게 될 경우 앞서 설명한 이유 등으로 암 치료가 어려워지기 때문이다. 그렇기 때문에 이상적인 치료법은 암 줄기세포가 발생하기 이전에 암을 공략하는 것이고, 차선책은 암 줄기세포 자체를 겨냥해 공격하는 것이다.

여기에 더해 암 줄기세포뿐만 아니라 암세포도 동시에 공략하는 '복합combination' 전략도 최근 주목 받고 있다. 효과가 좋은 기존 항암제를 이용해 암세포를 공략하고, 여기에 더해 암 줄기세포만 공략하는 새로운 항암제를 개발해 함께 처방하자는 것이다. 현재 전 세계적으로 암 줄기세포를 공략할 신약 후보 물질 6~8개 정도가 임상시험 단계에 진입했다. 이들 물질이 상용화되어 와인버그 교수의 희망처럼 암 치료의 새로운 이정표가 될 것인지가 주목된다.

소두증 유발 '지카 바이러스'로 뇌종양 치료한다!

1947년 우간다의 지카 숲에 사는 붉은털원숭이Macaca mulatta에게 특이한 증상이 목격됐다. 원숭이가 지금까지 보고되지 않았던 바이러스에 감염된 것이다. 이 바이러스는 숲의 이름을 따 '지카 바이러스Zika Virus'라고 명명됐다. 지카 바이러스는 모기를 매개로 감염되는 질병으로 매개체는 '이집트숲모기Aedes aegypti'이다. 이집트숲모기가 지카 바이러스를 지닌 붉은털원숭이를 물고 나서 사람을 물게 되면, 이 사람 역시 지카 바이러스에 감염이 된다.

인간이 지카 바이러스에 감염된 것은 1952년 우간다와 탄자니아 지역에서였다. 이후 근 50여 년 동안 잠잠했던 지카 바이러스는 2015년 5월 브라질에서 지카 바이러스 감염 사례가 보고되면서 전

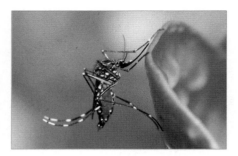
이집트숲모기 / ⓒ Muhammad Mahdi Karim

세계적으로 화제가 됐다. 브라질 전역과 인접 국가로 지카 바이러스가 걷잡을 수 없이 확산되었기 때문이다. 지카 바이러스가 이렇게 전 세계적인 이목을 끈 것은 이 바이러스가 소두증microcephaly을 유발하기 때문이었다.

소두증은 뇌가 정상 크기보다 작아지는 증상을 말한다. 2015년 브라질에서 지카 바이러스가 유행할 당시 지카 바이러스가 소두증을 일으키는 것으로 추정은 됐지만, 명확하게 확인된 것은 아니었다. 이후 지카 바이러스가 소두증의 직접적인 원인이라는 점이 밝혀졌는데, 이는 '뇌 오가노이드brain organoid'를 통해서였다. 오가노이드는 일명 '미니 장기'로 불린다. 오가노이드는 줄기세포를 이용해 특정 장기를 3차원 입체구조로 만든 것을 말하는데, 실제 인체 장기보다는 크기가 작아 미니 장기라고도 하고 유사 장기라고도 부른다.

오가노이드는 크기는 작지만, 실제 장기와 같은 기능을 수행하기 때문에 신약 개발 등 다양한 분야에 활용된다. 지카 바이러스가 소두증의 원인이라는 점을 뇌 오가노이드를 통해 입증되었다는 이야기는 뇌 오가노이드에 지카 바이러스를 감염시켰더니 소두증처럼 뇌 오가노이드의 크기가 축소되었다는 이야기이다. 이 연구 논문은 2016년

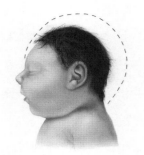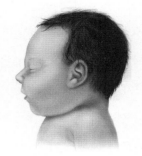

소두증에 걸린 아이(좌측)와 정상인 아이(우측) / © Brar_j

국제학술지 『셀 줄기세포Cell Stem Cell』에 실렸는데, 논문에서는 지카 바이러스가 소두증의 원인이라는 점을 규명한 것 외에도 추가적으로 중요한 사실을 발견했다. 바로 지카 바이러스가 신경 전구세포neural progenitor cell에 침입한다는 점이었다.

신경 전구세포는 신경 줄기세포처럼 신경 세포로 분화할 수 있는 능력을 지닌 세포지만, 분화할 수 있는 횟수에 제한이 있다는 점에서 차이가 있다. 신경 줄기세포의 동생쯤 되는 세포인 셈이다. 그런데 흥미롭게도 신경 줄기세포와 신경 전구세포는 태아의 뇌에서는 활발하게 작동하지만, 성인의 뇌에는 거의 존재하지 않는다. 그래서 태아일 때 지카 바이러스에 감염되면 뇌가 제대로 발달하지 못해 소두증인 아기가 태어나게 되는 것이다.

그런데 신경 전구세포에 감염하는 지카 바이러스의 이 같은 특징이 흥미롭게도 교모세포종 치료의 실마리가 되고 있다. 교모세포종이 재발이 잦은 이유가 암 줄기세포에 있다는 점은 앞서 설명했다. 신경 전구세포는 신경세포를 만들고, 암 줄기세포는 암세포를 만든다는 점에서 과학자들은 흥미로운 추론을 했다. '신경세포를 만드는 신경 전구세포에 감염하는 지카 바이러스의 특성이 암세포를 만드는 암 줄기세포에도 적용되지 않을까?' 하는 것이었다.

이 흥미로운 상상은 이내 현실로 증명됐다. 뇌종양을 일으킨 생쥐에게 지카 바이러스를 주입했더니 암세포가 현저하게 줄어든 것이다. 그런데 이 동물실험 연구는 한 가지 중요한 점을 시사했다. 지카바이러스가 암 줄기세포는 감염시키지만, 일반 암세포를 감염시키지는 않는다는 것이었다. 이 말은 교모세포종을 치료하기 위해서는 암줄기세포는 지카 바이러스로 공략하고, 암세포는 기존의 항암제로 공격하는 병행 치료가 필요하다는 점을 의미한다. 앞에서 설명한 암줄기세포 공략 방법과 일맥상통하는 부분이다.

물론 아직 지카 바이러스로 교모세포종을 치료하는 인체 임상시험은 진행되지 않고 있다. 지카 바이러스를 실제 인체에 적용하기까지는 바이러스 자체에 대한 안전성 검증이 이뤄져야 하기 때문이다. 한가지 주목할 점이 있다면 지카 바이러스의 병원성을 낮춘 돌연변이지카 바이러스도 교모세포종 생쥐의 암 줄기세포를 파괴했다는 점이다. 다만 그 효율이 일반 지카 바이러스보다는 떨어지는 것으로 보고됐다.

이에 힘입어 현재 과학자들은 지카 바이러스의 병원성은 낮추면서도 효율은 떨어지지 않는 돌연변이 지카 바이러스를 개발하고 있다. 이 개발이 성공되고, 인체 안전성 또한 검증된다면 지카 바이러스를 활용한 치료법은 교모세포종 치료에 큰 도움이 될 전망이다.

항원 제시세포로 면역 반응 유발!

백신은 주로 병을 예방하는 것을 목적으로 하지만, 병 자체의 치료를 목적으로 하는 백신도 있다. 이런 개념의 백신을 치료용 백신 therapeutic vaccine이라고 한다. 최근 이 치료용 백신의 방법으로 수지상세포를 이용한 교모세포종 치료 방법이 연구되고 있다.

앞서 언급되었던 수지상세포는 T-세포라는 또 다른 면역세포에게 누가 적군인지를 알려주는 일종의 가이드 역할을 하는 세포다. 이 수지상세포를 이용한 치료 과정은 이렇다. 먼저 교모세포종 환자의 몸에서 수지상세포를 추출한다. 이후 교모세포종 수술 과정에서 떼어낸 환자의 암세포에 수지상세포를 노출한다. 그러면 수지상세포는 암세포에 존재하는 특정 항원을 인식하게 된다. 이후 수지상세포를 다시 환자 몸속에 주입하면 수지상세포는 이웃한 면역세포에 특정 항원을 가진 암세포가 적군이라는 점을 알려주게 된다.

수지상세포를 이용하는 방법은 면역세포를 이용한다는 점에서 면역세포 치료법이기도 하지만, 암세포를 공격하도록 면역반응을 유도하는 일종의 백신 역할을 한다는 점에서 치료용 백신이기도 하다. 그렇기 때문에 기존의 케미컬 항암제에 비해 인체 부작용도 적다.

또 수지상세포를 암세포에 노출하는 과정에서 암세포가 가진 한 가지 항원은 물론 여러 항원에 노출시키면 수지상세포가 인식하는 항원의 수 역시 많아진다. 이는 수지상세포로 하여금 T-세포에 적군의 표지를 1개 이상 제시하게 함으로써, T-세포가 싸워야 할 적군인 교모세포종 암세포를 더욱 잘 인식하도록 도와준다.

수지상세포를 암 치료용 백신으로 활용한 연구는 1990년대부터 시작됐으며 그동안 많은 임상시험을 통해 안전성도 입증됐다. 특히 교모세포종의 경우 미국에서 임상 3상 시험들이 진행되고 있어 그 결과가 주목되고 있다.

물론 수지상세포를 활용한 암 치료도 넘어야 할 산이 있다. 암세포 역시 면역 억제 물질 분비 등의 다양한 방법으로 수지상세포의 기능을 억제하기 때문이다. 이런 점에서 수지상세포를 단독으로 처리하는 요법보다는 앞장에서 소개한 면역항암제나 기존 항암제를 병행하는 방법이 더욱 효과가 있는 것으로 보고됐다.

CAR-T를 이용한 전략도 있다. CAR-T 치료의 핵심은 우리가 표적으로 하는 암세포만 정밀하게 찾아낼 수 있는 항원을 발굴하는 것이다. 현재 교모세포종에만 발현하는 특정 단백질을 이용한 CAR-T 치료제가 개발됐지만, 아직 임상시험에서 의미 있는 결과로 이어지지는 않았다.

그래서 2개 이상의 항원을 이용하는 전략이 연구되고 있다. 이 전략은 2개의 항원을 이용한다는 점에서 'bi-specific'이라고 부른다.

여기에 더해 3개의 항원을 활용하는 'tri-specific' 전략도 있다. 이 같은 전략은 1개의 항원만으로는 표적으로 하는 암세포를 인식하는 게 충분하지 못할 수도 있다는 판단에서 도출됐다.

미국의 연구팀은 유방암에 잘 발현되는 단백질인 'HER2'라는 단백질과, 교모세포종에서 잘 발현되는 2개의 다른 단백질을 활용한 'tri-specific' CAR-T를 개발했다. HER2는 유방암에서도 잘 발현하지만, 교모세포종의 약 80%에서도 발현되는 단백질이다. 아직 인체 임상시험 단계에는 진입하지 못했지만, 연구팀은 곧 인체 임상시험에 돌입할 계획이다.

그 밖에도 면역관문억제제를 활용한 교모세포종 임상시험이 미국에서 진행됐지만, 아직 주목할 만한 결과로 이어지지는 않았다. 그러나 이들 임상시험이 긍정적인 결과를 내지 못했다고 해서 교모세포종 치료에 대한 희망을 거두기에는 아직 이르다. 계속해서 치료 방법에 대한 연구가 진행되고 있으며, 다양한 임상시험들 역시 이제 막 걸음마를 뗀 초기 단계에 있기 때문이다.

암을 억제하는 이로운 유전자도 있다

흔히 유전자에 이상이 발생하는 질병으로 유전병만 떠올리기가 쉽다. 그런데 인류를 괴롭히는 대표적인 질병인 암 역시 유전자와 밀접한 관련이 있다. 이번 Deep Inside에서는 암을 억제하는 기능을 하는 유전자와, 이 유전자가 돌연변이가 될 경우 오히려 암을 일으키게 되는 상반된 상황에 대해 살펴보고자 한다.

할리우드를 대표하는 여배우 안젤리나 졸리. 한때 그녀는 할리우드에서 출연료가 제일 비싼 여배우였다. 그런 졸리가 2013년 세계를 깜짝 놀라게 한 일이 있다. 영화 출연으로 화제를 모은 것이 아니라 예방적 유방 절제 수술을 받았기 때문이다.

졸리는 유전자 검사를 통해 본인이 유방암에 걸릴 확률이 87%나 되며, 난소암 발병률도 50%라는 진단을 받았다. 여기에는 유전적인 영향이 컸다. 졸리의 어머니는 유방암으로 10여 년 동안 고생하다가 56세의 젊은 나이로 세상을 떠났다.

어머니의 사례를 생각하며 졸리는 유방암 발병 위험을 줄이기 위해 예방적 유방 절제술을 단행했다. 졸리는 수술 후 유방암에 걸릴 확률이 87%에서 5%로 줄었다. 졸리의 유방을 앗아간 유전자가 바로 돌연변이 BRCA(브라카) 유전자이다. 전체 유방암의 약 5~10%는 돌연변이 BRCA에 기인하고 있다. BRCA 유전자는 원래 세포 성장에 관여하며 암 발생을 억제하는 기능도 수행한다. 이런 기능을 수행하는 유전자를 '암 억제 유전자tumor suppressor gene'라고 부른다.

암 억제 유전자는 평상시에는 세포가 너무 빠르게 분열하거나 성장해 암으로 발전하는 것을 억제하는 역할을 한다. BRCA 유전자는 이 같은 기능에 더해 손상된 DNA를 수선하는 기능도 수행한다. 다시 말해 정상적으로 BRCA 유전자가 작동할 때에는 우리 몸에 이로운 역할을 한다. 그런데 이 유전자에 돌연변이가 발생하면 암을 억제하는 기능이 붕괴되어 반대로 유방암이나 난소암에 걸릴 확률이 높아지는 것이다. 그래서 돌연변이 BRCA 유전자를 유방암 유전자라고도 부른다. 돌연변이 BRCA 유전자는 그 자체가 암을 일으키는 원인이기 때문에 유전자를 표적으로 한 항암제 개발에 활용될 수 있다.

그런가 하면 돌연변이 암 억제 유전자는 졸리의 경우처럼 암을 진단하거나 암의 가능성을 알아보는 생체표지 물질로도 활용된다. 이런 점에서 보면 돌연변이 유전자는 동전의 양면과도 같다. 암을 일으키는 원흉이기도 하지만, 만약 이런 돌연변이 유전자의 존재를 모른다면 질병 발병 위험을 예측하거나 치료제를 개발하는 것 자체가 불가능하기 때문이다.

BRCA 유전자 이외에도 암 억제 유전자는 꽤 많다. 그 가운데 대표적인 것으로 'p53' 유전자를 꼽을 수 있다. 조금 더 정확하게 말하면 p53은 암 발생을 억제하는 단백질이며, p53 단백질은 'TP53'이라는 유전자가 암호화coding하고 있다. p53의 p는 단백질을 뜻하는 'protein'에서, 53은 이 단백질의 분자량인 '53,000Da'에서 따 온 명칭이다.

p53 단백질은 DNA 손상이 생기면 세포 분열을 멈추게 하는 역할을 한다. 그래서 손상된 DNA를 가진 세포가 늘어나는 것을 방지한다. 또 손상된 DNA를 수선하는 역할도 하고, 세포를 사멸시키는 작용도 한다. 이런 작용을 통해서 p53은 DNA가 손상되지 않도록 유지, 보수하는 일을 하는데 이런 기능 때문에 p53을 '유전체의 수호자'라고도 부른다.

p53은 그 자체로도 중요한 역할을 하지만, p53이 과학자들의 관심을 끄는 또 다른 요인은 암의 50% 이상에서 p53 유전자 돌연변이가 발견됐기 때문이다. 우리가 알고 있는 암의 절반이 p53의 돌연변이에서 비롯되었다는 얘기다. 이런 이유로 과학계는 돌연변이 p53을 표적으로 한 다양한 항암제 개발을 진행해 오고 있다.

오가노이드

신약 개발 과정에서 시행된 동물실험 결과와 인체 임상시험 결과가 반드시 일치하지는 않는다. 이 말은 동물실험 결과가 좋았다고 해서 인체 임상시험 역시 반드시 좋은 결과로 이어지지는 않는다는 의미다. 반대로 동물실험 결과는 썩 좋지 않았지만, 의외로 임상시험에서 좋은 결과가 나타나는 경우도 있다. 이는 기본적으로 사람과 동물이 서로 다르기 때문이다. 그래서 동물실험도 설치류인 생쥐를 대상으로 하는 것과 사람과 가까운 영장류인 원숭이를 대상으로 하는 것은 차원이 다르다.

영장류는 손과 발을 이용해 물건을 집을 수 있는 동물로 원숭이, 침팬지, 오랑우탄, 고릴라 등이 이에 속한다. 이들 동물을 사람과 구분해 '비인간 영장류non-human primates'라고 부르기도 한다. 영장류 동물실험의 주 대상인 원숭이의 경우, 94.5%의 유전자가 인간과 일치한다. 동물실험 초기에는 크기가 작고 비용이 적은 생쥐를 대상으로 실험하지만, 이후엔 덩치가 크고 비용이 비싼 원숭이를 대상으로 실험하는 것도 이 같은 이유에서이다.

그런데 만약 인체 임상시험에 앞서 원숭이 실험 대신 인간의 장기와 비슷한 조직을 대상으로 실험한다면 어떨까? 이를테면 인간의 장기와 100% 같지는 않지만, 그 장기가 수행하는 기능을 그대로 수행하는 미니 장기와 같은 것을 대상으로 실험하는 것이다. 이런 아이디어에서 출발한 것이 오가노이드organoid로, 뇌종양 편에서 지카 바이러스의 소두증 유발을 증명한 그 미니 장기다.

그렇다면 미니 장기 오가노이드는 어떻게 만들 수 있는 것일까? 그 핵심은 줄기세포와 3차원 구조에 있다. 예전에는 줄기세포를 배양접시에 깔아 평평한 상태에서 연구했다. 그런데 이렇게 평평한 구조에서는 줄기세포가 제 역할을 하지 못한다. 우리 몸을 한번 생각해 보자. 인체 내에서 줄기세포는 평평한 상태로 있지 않고 3차원 구조를 이루고 있다. 그래서 과학자들은 줄기세포를 3차원 구조에서 배양해 보자고 마음먹었다.

방법은 의외로 간단했다. 오목하게 패인 배양 접시를 만든 뒤 여기에 줄기세포를 넣어 줄기세포끼리 서로 잘 뭉치게 해준 것이다. 이렇게 세포들이 뭉쳐 세포 덩어리가 되면 세포들은 3차원 상호작용을 하게 된다. 그러면 평평했을 때, 즉 2차원이었을 때는 나타나지 않았던 세포 고유의 특성이 더 잘 나타나게 된다. 이런 방식으로 줄기세포로부터 우리가 원하는 인체 장기와 유사한 장기를 만드는 것이 바로 오가노이드이다.

오가노이드는 신약 개발의 중요 도구로도 활용되고 있지만, 환자 맞춤 의학에도 응용될 수 있다. 폐암 환자가 있다고 가정해 보자. 먼저 이 환자의 피부세포로부터 유도만능 줄기세포를 만든다. 그리고 이 줄기세포로부터 폐 오가노이드를 만든다. 그리고 이 폐 오가노이드에 지금까지 나와 있는 폐암 항암제를 다 적용해보는 것이다. 그 가운데 가장 효과가 좋은 항암제를 찾아내어 환자에게 처방한다면 치료 효과가 훨씬 향상될 것이다.

과학자들이 꿈꾸는 또 다른 응용 분야는 하나의 오가노이드가 아닌 여러 장기의 오가노이드를 연계한 시스템을 개발하는 것이다. 우리가 약을 먹으면 위에서 흡수되어 약의 성분이 인체의 여러 장기로 보내진다. 약이 인체 내에서 겪는 것과 똑같은 환경을 실험실에서 구현해 보겠다는 것이다. 이것이 가능하다면 약의 독성이나 부작용, 효과를 좀 더 정밀하게 알아볼 수 있게 될 것이다.

류머티즘관절염…항체 치료제

때때로 우리 몸의 면역세포는 필요 이상으로 과도하게 활성화되어 정상세포를 공격하기도 한다. 이렇게 자신의 면역체계 때문에 생기는 질병을 자가면역질환autoimmune disease이라고 부른다. 류머티즘관절염은 이 자가면역질환의 대표적인 질환 가운데 하나다. 흥미로운 점은 2018년 노벨 화학상을 받은 과학자 가운데 2명이 류머티즘관절염 치료제 개발의 기틀을 마련한 이들이라는 것이다. 이들의 과학적 성과에 대해 간략히 살펴보고자 한다.

우리 몸에는 'TNF-alpha'라는 단백질이 존재한다. 이 단백질은 염증 반응에 관여하는데, 특히 자가면역질환에서 염증 반응을 일으키는 핵심 물질이기도 하다. 1990년대 과학자들은 TNF-alpha를 억제하는 물질을 개발하면, 류머티즘관절염을 치료할 수 있을 것으로 생각했다. 구체적으로 TNF-alpha와 강력하게 결합해 TNF-alpha의 활성을 저해하는 항체를 개발하는 것이었다. 기존에도 생쥐를 이용해 항체를 만드는 방법이 있었다. 암세포로부터 추출한 단백질을 생쥐에게 주입해 항체를 얻는 방식이었다.

그런데 이 방법에는 몇 가지 문제점이 있다. 우선 암세포로부터 추출한 단백질이 생쥐에게 독성을 나타낼 수 있다는 점과, 이렇게 얻은 단백질이 모두 항체 생성을 유도하지는 않는다는 점이다. 여기에 더해 근본적인 한계가 있었는데, 이런 식으로 생쥐의 몸에서 만들어진 항체는 생쥐의 항체이지 인간의 항체가 아니라는 점이다. 생쥐의 몸에서 얻은 항체를 인간에게 치료용으로 주입할 경우, 인체 면역계에 의해 파괴되게 된다.

2018년 노벨 화학상을 받은 영국의 과학자 그레고리 윈터Gregory Winter는 치료용 인간 항체를 만들고 싶었다. 그가 생각한 방법은 '파지 디스플레이phage display'라는 기술을 활용하는 것이었다. 파지 디스플레이는 윈터가 개발한 기술은 아니었고, 그 이전에 미국 화학자 조지 스미스George Smith가 개발한 기술이다.

그럼 파지 디스플레이 기술이라는 것은 어떤 것일까? 파지는 박테리오파지bacteriophage의 줄임말이다. 박테리오파지는 바이러스 가운데 특별히 세균만 감염시키는 바이러스를 말한다. 모든 바이러스가 다 그렇듯이 박테리오파지도 구조가 단순하다. 바이러스 DNA와 그 DNA를 감싸고 있는 껍데기 단백질로 구성되어 있다.

조지 스미스의 아이디어는 단순했다. 인간의 유전자를 파지의 껍데기 표면에 발현시키는 것이다. 방법은 이렇다. 우리가 목표로 하는 특정 유전자를 파지의 껍데기 표면 유전자 옆에 유전공학적으로 붙인다. 그러면 파지는 이 유전자를 자신의 껍데기 표면에 발현시킨다. 유전자를 파지의 껍데기 표면에 올린다는 뜻에서 '파지 디스플레이'라고 불린다. 스미스는 이런 방법으로 특정 단백질을 파지 껍데기 표면에 올리는 데 성공했다.

그레고리 윈터는 이 파지 디스플레이 기술을 이용해 TNF-alpha와 결합하는 항체를 파지 표면에 올리는 데 성공했다. 이후 이 항체에 조금 변형을 가해 온전한 인간 항체를 개발했다. 이 항체는 2002년 미국 FDA로부터 류머티즘관절염 치료제로 승인됐다. 파지 디스플레이 기술을 개발한 조지 스미스와, 파지 디스플레이를 이용해 항체를 개발한 그레고리 윈터는 이에 대한 공로로 2018년 노벨 화학상을 공동 수상했다.

IV

당뇨,
비만, 노화

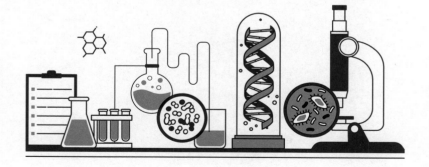

비만과 당뇨병, 그리고 이들 질병으로 인한 합병증은 현대인의 건강한 삶을 괴롭히는 주요한 요인 중 하나다. 이들 질환은 서로 밀접한 관련을 맺고 있고 동시에 생활습관과도 연관되어 있어 흔히 '생활습관병'이라고도 부른다.

먼저 비만은 체내에 지방 조직이 과다하게 축적된 상태를 말한다. 비만은 그 자체로도 문제지만, 고혈압과 심혈관질환, 당뇨병의 발병 확률을 크게 높이는 요인이라 위험성이 크다. 2013년 미국의학협회American medical association는 비만을 질병으로 분류했다.

당뇨병은 말 그대로 오줌에 당이 포함돼 배출되는 병을 말한다. 신체 내에서 혈당을 조절하는 인슐린 분비 기능에 장애가 생겨 고혈당이 발생하는 것이다. 특히 당뇨병은 심혈관질환, 중풍, 당뇨족궤양 등의 여러 질병을 일으키기 때문에 40대 이상 성인이 가장 경계해야 할 질병으로 꼽히고 있다.

인생을 살아가다 보면 어쩔 수 없이 겪어야 하는 일들이 있다. 그중 하나가 바로 노화다. 나이가 들면서 신체 구조와 기능이 점진적으로 쇠약해지는 것이다. 이런 관점에서 보면 노화는 자연스러운 생명 현상으로도 볼 수 있다. 그러나 이 노화를 늦출 수는 없는 것일까?

100세 시대를 맞은 인류의 선택은 좀 더 건강한 노후를 보내는 것이다. 이번에 다루는 내용을 통해 건강한 노후를 보내기 위한 소소한 정보를 얻을 수 있기를 기대해 본다.

8. 당뇨병

당뇨병의 핵심, 인슐린

당뇨병은 영어로 'diabetes mellitus'라고 부른다. 'diabetes'는 라틴어에서 유래한 말로, '흐르다'라는 뜻이다. 'mellitus' 역시 라틴어에서 유래했는데, '꿀로 달콤해진' 정도로 해석할 수 있다. 이를 합치면 꿀처럼 달콤한 것이 흐른다는 의미로, 소변에 단 것이 포함돼 있다는 뜻이다.

1675년 영국 의사 토마스 윌리스Thomas Willis는 당뇨병 환자의 소변에서 달콤한 냄새가 나는 것을 감지하고, diabetes라는 단어에 mellitus라는 단어를 붙였다. 윌리스가 감지한 소변에서 나는 달콤한 냄새는 고대 그리스와 중국, 이집트, 인도, 페르시아 등에서도 익히 알려져 있었다. 당뇨병 환자의 소변에서 풍기는 이 달콤한 냄새의 정체는 포도당이다. 포도당은 우리가 섭취한 탄수화물이 체내에서 분해되어 생성되는 물질이다.

혈액 내에 존재하는 포도당, 즉 혈당이 인체 세포로 옮겨지면 세포는 포도당을 원료로 하여 생체 에너지인 ATP를 만든다. 생체 내에서 포도당 한 분자는 38개의 ATP를 만들어 낼 수 있다. 포도당이 생체 에너지의 주요 재료인 셈이다. 이처럼 우리 몸에서 중요한 역할을 하는 포도당은 원래 소변으로 배출되지 않는다. 소변으로는 우리 몸의 노폐물 찌꺼기만 배출되기 때문이다. 그런데 당뇨병 환자의 경우 포도당이 소변 속에 포함돼 몸 밖으로 배출된다. 그럼 도대체 우리 몸에 어떤 일이 일어나서, 생체 에너지원으로 활용되는 포도당이 체외로 유출되는 것일까?

이를 이해하기 위해서는 인슐린insulin이라는 물질을 이해할 필요가 있다. 우리 몸에는 '이자'라고도 불리는 '췌장pancreas'이라는 장기가 있다. 췌장은 위의 뒤쪽에 존재하는데, 주로 소화 효소와 호르몬을 분비한다. 호르몬 분비와 관련해서 췌장에는 섬처럼 띄엄띄엄 존재하는 세포가 존재한다. 이 세포 덩어리를 특별히 섬 '도(島)'자를 따서 '췌도'라고 부른다.

췌도는 크게 3가지 세포로 구성되어 있는데 알파, 베타, 델타 세포가 바로 그들이다. 이 가운데 베타 세포는 인슐린이라는 호르몬을 분비한다. 인슐린은 혈당을 세포로 운반하며 우리 몸에서 혈당을 조절하는 중요한 역할을 한다. 이 때문에 인슐린이 제대로 작동하지 않으면 혈액 내 포도당이 과도하게 많아지게 되고, 결과적으로 당뇨병을 일으킨다. 혈액 내 포도당이 과도하게 많으면 그 자체도 문제지만, 상대적으로 세포가 에너지원으로 써야 할 포도당이 부족해진다. 이 같은 이유로 당뇨병은 여러 합병증을 일으킨다.

당뇨병으로 인한 합병증은 심혈관질환, 관상동맥질환, 중풍, 심할 경우 실명을 유발하는 당뇨망막병증, 당뇨병성 말초 신경병증, 일명 당뇨족(足)으로 불리는 당뇨족궤양 등을 꼽을 수 있다. 여기에 더해 치매 편에서도 살펴보았지만, 당뇨병은 치매와도 연관이 깊은 것으로 알려졌다.

췌도에서 분비되는 이들 호르몬 모두가 중요한 역할을 하지만, 특별히 과학자들의 관심을 끄는 대상은 바로 인슐린이다. 당뇨병과 직접 관련돼 있기 때문이다. 당뇨병은 크게 1형 당뇨병과 2형 당뇨병으로 구분된다. 1형 당뇨병은 인슐린을 분비하는 베타 세포가 망가져 인슐린이 전혀 분비되지 않는 병이다. 2형 당뇨병은 인슐린이 분비되기는 하지만, 우리 몸에 문제가 생겨 이 인슐린이 제대로 작동하지 않는 병이다.

인체에서 인슐린이 만들어지기는 하지만, 제 역할을 하지 못하는 것을 인슐린 저항성이라고 부른다. 이에 따라 2형 당뇨병을 치료하는 의약품은 대부분은 인슐린 저항성을 개선하는 방식으로 작용한다. 당뇨병의 90% 정도는 2형 당뇨병이 차지하고 있으며, 대부분 성인에게서 발병한다. 이에 반해 1형 당뇨병은 어린이에서 많이 발병해 일명 소아 당뇨병이라고도 부른다. 인슐린이 전혀 만들어지지 않는 1형 당뇨병의 경우, 외부에서 인체로 인슐린을 공급해주거나 인슐린을 분비하는 췌장을 이식받는 방법 외에는 치료 방법이 없다.

췌장 이식, 즉 장기 이식은 국내의 경우 장기의 수요와 공급이 대략 10:1의 비율로 이루어져 있어 이식할 수 있는 장기가 절대적으로 부족한 실정이다. 2016년 우리나라의 장기 이식 대기자 수는 3만여 명을 넘겼지만, 실제 이뤄진 장기 이식 건수는 4천 6백여 건에 불과했다. 국립장기조직혈액관리원 자료를 살펴보면 2023년 국내 장기 이식 대기자 수는 5만 7백여 명으로 집계됐다. 1/10도 안 되는 환자만이 장기 이식의 혜택을 봤다는 이야기이다. 그래서 현실적으로 1형 당뇨병 환자들이 택하는 방법은 인슐린 주사를 맞는 방법이다. 그렇다면 이 1형 당뇨병 환자를 위한 인슐린은 어떤 방법으로 만들어지는 것일까?

1979년 미국 과학저널 『PNAS』에는 한 편의 중요한 논문이 실렸다. 이 논문의 제목은 「화학적으로 합성한 인간 인슐린 유전자의 대장균 발현Expression in *Escherichia coli* of chemically synthesized genes for human insulin」이다. '*Escherichia coli*'는 대장균을 뜻하며, 줄여서 '*E.coli*'라고 부른다. 제목을 풀어보면, 사람의 인슐린 유전자를 실험실에서 인공적으로 만든 뒤, 이 유전자를 대장균이라는 미생물에 주입해 대장균의 몸속에서 인간 인슐린을 만들었다는 의미다. 인간 인슐린을 대장균이라는 세균을 통해 합성했다는 것이다.

그렇다면 사람의 몸에서 만들어지는 인간 인슐린을 어떻게 대장균이라는 미생물의 몸 안에서 만들어 낼 수 있었을까? 이를 설명하기 위해서는 '형질전환transformation'이라는 기술을 먼저 이해할 필요가 있다. 형질전환은 쉽게 말하면 외래 유전자를 생명체에 주입하는 기술을 말한다. 세균, 즉 박테리아는 다른 세균의 특정 유전자를 자기 몸속으로 쉽게 받아들이는 특징이 있다. 이는 세균 스스로가 생존을 위해 쓰는 일종의 전략인데, 예를 들어 내 옆에 있는 세균이 항생제를 견뎌낼 수 있는 내성 유전자를 가지고 있다면, 옆에 있는 세균도 이 유전자를 쉽게 받아들인다. 그러면 이 세균도 항생제에 내성을 띠게 돼 결과적으로 생존 경쟁에서 살아남게 되는 것이다.

과학자들은 바로 이 같은 세균의 특성에 착안했다. 세균의 일종인 대장균 역시 외래 유전자를 잘 받아들인다. 인간 인슐린은 크게 2개의 부분으로 구성되어 있다. 21개의 아미노산을 가진 A부분과 30개의 아미노산을 가진 B부분이다. 과학자들은 A와 B 부분에 해당하는 유전자를 각각 다른 대장균에 주입했다. 그러면 대장균들은 이 유전자를 받아들여 마치 자신의 유전자인 것처럼 단백질로 발현시킨다. 세균인 대장균의 몸속에서 인간의 인슐린 유전자가 작동해 인간 인슐린 단백질이 만들어지는 것이다.

이후 이 인슐린 A부분과 B부분을 각각의 대장균에서 꺼낸 뒤 두 개를 화학적으로 연결한다. 그러면 인간 인슐린과 같은 구조의 인슐린이 완성되는 것이다. 이런 방법을 이용하여 미국의 바이오테크 기업 제넨텍genentech은 인간 인슐린을 개발했다. 1982년 미국 식품의약국은 제넨텍의 인간 인슐린을 승인했고, 1983년부터 제품이 판매되기 시작했다. 현재는 초기보다 훨씬 정교한 인간 인슐린이 생산되고 있다고 한다.

인류가 인간 인슐린을 생산해 내기는 시작했지만, 생산한 인슐린을 직접 투여하는 방법은 평생 인슐린 주사를 맞아야 한다는 불편함이 있다. 1형 당뇨병 환자는 하루에도 수십 번씩 혈당을 점검해야 하고, 최소 4번 이상의 인슐린 주사를 맞아야 한다. 1형 당뇨병 환자의 대부분이 어린이라는 점에서 환자와 환자를 돌봐야 할 가족의 불편이 큰 것이다. 이런 점에서 1형 당뇨병 치료의 근본적인 방법은 인간의 췌장을 이식하는 것이다. 그런데 앞서 잠깐 언급했지만, 이식용 장기는 턱없이 부족한 실정이다. 이에 따라 인간의 췌도를 대체할 방법에 대한 연구가 과학자들의 비상한 관심을 끌고 있다.

인간 췌도 이식 대체, 돼지에서 찾다

인간의 췌도를 대체할 방법으로 동물의 장기를 이용하는 '이종 장기 이식'과 사람의 장기를 동물의 몸속에서 키우는 일명 '키메라 장기'를 활용하는 방법이 떠오르고 있다.

먼저 이종 장기 이식의 경우 동물 중에서도 돼지의 장기를 활용하는 방법이 활발히 연구되고 있다. 여기서 한 가지 의문이 자리한다. 왜 하필 돼지일까? 돼지 말고 양이나 소도 있고, 더 나아가서 인간과

가까운 영장류인 원숭이도 있는데 말이다. 돼지에게는 이들 동물에게는 없는 어떤 특별한 장점이라도 있는 것일까?

미니 돼지

돼지 가운데 미니 돼지라는 돼지가 있다. 크기가 일반 돼지의 1/3 정도인 미니 돼지는 작고 귀여워 애완용으로 쓰이곤 한다. 최근 이 미니 돼지의 장기가 인간의 장기를 대신할 이체 이식용 장기로 주목받고 있다. 여기에는 몇 가지 장점이 있다. 우선 미니 돼지의 장기의 크기와 기능이 인간의 장기와 비슷하다는 것이다. 또 미니 돼지는 임신 기간도 100~140일 정도로 짧다. 새끼도 한 번에 적게는 2마리에서 많게는 14마리까지 낳아, 우리가 필요로 하는 장기를 좀 더 빠르고 쉽게 얻을 수 있다.

이런 이유 등으로 전 세계적으로 미니 돼지의 장기를 이식용 장기로 활용하기 위한 연구가 활발히 진행되고 있는데, 국내 연구진이 이 분야의 선두 주자로 꼽힌다. 과학계는 여러 장기 가운데에서도 상대적으로 구조가 간단한 각막과 췌도 이식이 가장 먼저 이뤄질 것으로 전망하고 있다.

그런데 돼지의 장기를 사람에게 이식하기 위해선 몇 가지 해결해야 할 문제가 있다. 그 가운데 하나가 바로 면역 거부반응이다. 우리 몸에 내 것이 아닌 남의 것이 몸 안으로 들어오면 이를 인체 면역계가 적으로 인식하고 공격하기 때문이다. 이는 다른 사람의 장기를 이식받을 때도 같다. 그래서 장기 이식을 받은 사람은 면역 거부반응을 억제하기 위해 평생 면역억제제를 투여 받아야 한다. 그렇기 때문에 미니 돼지의 장기를 인간에게 이식하기 위해서는 먼저 이식 받은 돼지의 장기를 통제할 면역억제 약물을 개발해야 한다.

두 번째로 과학계가 고민하는 점은 돼지의 몸에 원래 존재하는 바이러스가 이종 장기 이식을 통해 사람에게 옮겨져 돼지 유래 질병을 일으킬 가능성이다. 아주 오래 전 어떤 바이러스가 돼지의 몸에 침입했다고 하자. 이 바이러스의 DNA는 오랜 세월을 거치면서 돼지의 DNA와 합쳐졌다. 돼지의 DNA 중에 바이러스 DNA의 일부가 섞여 있는 것이다. 이런 유전자를 돼지 내인성 바이러스 유전자라고 부른다. 이런 바이러스 유전자는 돼지의 몸에서는 전혀 문제를 일으키지 않는다. 오랜 세월 돼지의 몸속에 존재하며 돼지와 완전히 동화됐기 때문이다.

그런데 만약 돼지 췌도를 사람에게 이식할 경우, 돼지 내인성 바이러스가 인간의 몸에서 문제를 일으킬 위험이 있을 수 있다. 사실 2000년대 초반 중국에서 돼지 췌도를 사람에게 이식한 사례가 있었는데, 현재까지는 돼지 내인성 바이러스가 인체에 문제를 일으켰다는 보고가 없다. 이에 따라 돼지 내인성 바이러스가 사람에게 문제를 일으킬 가능성이 낮을 수도 있다. 그러나 당시 중국 연구팀이 이종 장기 이식과 관련하여 국제 기준에 맞춰 임상시험을 진행한 것이 아니었다는 점에서, 중국 연구팀의 돼지 췌도 임상시험은 국제 사회가 공식적으로 인정하는 이종 장기 이식에 해당되지 않는다.

돼지 내인성 바이러스의 영향력이 어느 정도인지 아직 확인할 길은 없지만, 머지않아 돼지 내인성 바이러스 문제를 원천적으로 해결할 방법 또한 나올 것으로 보인다. 최근 미국 하버드대 연구팀은 유전자 가위를 이용해 문제가 될 수 있는 유전자를 제거한 돼지를 만드는 데 성공했다. 이종 장기 이식의 현실화를 한 발짝 앞당긴 것이다. 이렇게 되면 돼지의 장기를 이용한 이종 장기 이식은 각막이나 췌도처럼 구조가 단순하고, 면역 거부반응이 상대적으로 약한 조직부터 이뤄질 것으로 보인다. 그리고 점차 신장이나 심장 등 면역 거부반응이 더 심한 장기까지 확대될 것으로 전망된다.

면역 거부반응이 심한 장기의 경우, 단순히 면역억제 약물을 처리한다고 해서 문제가 해결되지는 않는다. 돼지와 사람 간 종(種)의 차이로 인해 사람의 장기를 이식 받을 때보다 면역 거부반응이 더 세게 일어날 것이기 때문이다. 이를 극복하기 위해 과학자들이 고안한 방법은 면역 거부반응을 일으키게 하는 돼지의 핵심 유전자를 유전자 가위를 이용해 미리 없애 버리는 것이다. 이렇게 특정 유전자를 조작한 돼지를 미니 돼지와 구분해 '형질전환 돼지'라고 부른다. 앞서 인간 인슐린을 설명할 때 언급한 형질전환과 비슷한 개념이다.

미니 돼지가 유전자를 조작하지 않은 자연 상태의 돼지를 의미한다면 형질전환 돼지는 돼지의 내인성 바이러스를 제거하거나 면역 거부반응 유전자를 제거한, 즉 유전자를 조작한 돼지다. 이 같은 형질전환 돼지에 대한 주목할 만한 연구 성과도 속속 나오고 있다. 장기적인 관점에서 동물의 장기를 활용하는 장기 이식 방법은 첫 번째는 자연 상태의 미니 돼지를 장기를 활용하는 것이고, 그 다음 단계는 형질전환 돼지의 장기를 이용하는 것이 될 것이다.

그리고 마지막 단계는 돼지의 몸속에서 인간 장기를 키운 뒤 이를 이식용 장기로 활용하는 '키메라chimera' 장기가 될 전망이다. 키메라는 그리스 신화에 등장하는 동물로, 사자의 머리와 양의 몸통, 그리고 뱀의 꼬리를 한 괴물이다. 이후 키메라라는 단어는 여러 동물의 모습을 섞어놓은 듯한 동물을 가리키는 단어가 되었다. 이런 동물로는 이집트의 스핑크스가 우선 떠오른다. 스핑크스는 사자의 몸통에 인간 여성의 머리, 그리고 조류의 날개를 단 짐승으로 묘사되곤 한다. 인간과 짐승을 혼합했다는 점에서 반인반수 키메라로 볼 수 있다. 그런데 상상의 동물 키메라가 최근 바이오 분야에서 주목받고 있다.

바이오 분야의 키메라라고 하면 조금 낯설게 느껴지는데, 예를 들면 인간의 특정 장기를 돼지의 자궁 안에서 키우는 것이다. 물론 얼굴은 사람이지만 몸은 돼지인 그런 생명체는 존재하지 않는다. 하지만 과학자들은 돼지의 몸속에서 인간의 장기를 만드는 연구를 진행하고 있다. 과학자들이 이런 연구를 진행하는 이유는 인간의 장기를 돼지의 몸을 빌려 만들어 내겠다는 것이다. 이런 장기는 궁극적으로 장기 이식에 사용될 수 있다.

그렇다면 구체적으로 어떤 방법을 통해 키메라 장기를 만들 수 있는 것일까? 키메라 장기를 연출하기 위해서는 기본적으로 주연 배우 둘이 필요하다. 하나는 사람의 유도만능 줄기세포이고 나머지 하나는 돼지의 배아이다. 키메라 장기는 유도만능 줄기세포를 사람의 몸이 아닌 동물, 즉 돼지의 몸 안에서 키우는 것이다. 좀 더 자세히 설명하면 돼지의 배아에 사람의 유도만능 줄기세포를 넣는 것이다.

미국 솔크 연구소 연구팀은 사람의 유도만능 줄기세포를 돼지 배아에 넣은 뒤 자궁에 착상시켜 4주간 키웠다. 이 연구의 목적은 사람이 아닌 동물의 몸 안에서 인간의 줄기세포가 사람의 몸속에서처럼 실제로 분화할 수 있는지 그 가능성을 알아보는 것이었다. 솔크 연구소의 연구결과는 긍정적으로 나왔다. 연구팀은 줄기세포가 초기 단계이지만 특정 장기로 분화할 가능성을 확인했다.

그런데 이 지점에서 한 가지 의문이 들 수 있다. 이를테면 우리가 원하는 인간의 장기가 췌장이라고 할 때, 돼지의 배아에서 원래 돼지의 췌장이 만들어질 수도 있으니 인간의 췌장과 돼지의 췌장이 충돌하는 상황이 벌어질 수 있지 않느냐는 것이다. 이런 충돌을 피하고자 과학자들은 기존의 돼지 배아에서 췌장으로 분화할 유전자를 원천적으로 차단하는 방법을 고안해 냈다. 다시 말해 이 돼지의 배아는 계속 자라며 돼지의 다른 모든 장기로는 분화하지만, 돼지의 췌장 대신 돼지 배아에 넣은 사람의 줄기세포를 통해 인간의 췌장이 분화한다. 그래서 돼지 몸속에서 인간의 췌장을 얻을 수 있게 되는 것이다.

그러나 한 가지 더 의문이 있다. 돼지 몸속에서 만들어진 인간의 췌장을 인간의 췌장이라고 불러야 할지, 아니면 돼지의 췌장이라고 불러야 할지, 또는 키메라 췌장이라고 불러야 할지, 이 중 어느 것이 맞는가 하는 점이다. 이에 대해서는 아직 명확하게 정해진 것이 없다. 여기에 이런 우려도 제기되고 있다. 혹시라도 인간의 줄기세포가 돼지의 뇌세포로 분화해 사람의 지능을 가진 돼지가 탄생하는 것이 아니냐는 우려다.

키메라 장기 연구를 두고 사람들이 걱정하는 것이 바로 이런 것들이다. 우리가 원하는 장기만 깔끔하게 만들어진다면 좋겠지만, 예상치 못한 부작용으로 원하지 않는 장기가 만들어질 경우 이 상황을 통제할 수 있느냐는 것이다. 이에 대해 과학자들은 그런 문제가 실제 발생할 가능성은 극히 낮은 것으로 보고 있다.

이를 해결할 한 가지 방법은 인간 줄기세포의 유전자를 조작해 줄기세포가 신경세포로 분화하지 못하도록 하는 것이다. 돼지 몸속에 있는 사람의 줄기세포를 우리가 원하는 장기가 아닌 다른 세포나 장기로 분화할 가능성을 원천적으로 차단하는 것이다. 줄기세포에서 신경세포로 분화하는 데 필수적인 유전자를 유전자 가위를 이용해 아예 없애버리는 방법이다.

키메라 장기는 이처럼 윤리적 논란 등 여러 문제점을 안고 있지만,

장기 이식의 현실적인 대안이 될 수 있다. 장기를 이식할 때 일어나는 면역 거부반응을 원천적으로 차단할 수 있기 때문이다. 장기 이식 후 면역 거부반응이 일어나는 것을 그대로 놔두면 이식받은 장기는 몇 시간도 안 돼 죽게 된다. 이를 막기 위해 장기 이식 환자는 평생 면역억제제를 투여 받아야 한다.

그런데 이 약물을 투여 받으면 몇 가지 문제점이 발생한다. 우리 면역계가 이식 받은 장기만 공격하지 않도록 만들면 좋겠지만, 아직은 그렇게 하는 것이 불가능하다. 그래서 면역억제제는 인체 면역계의 기능을 전체적으로 다운시킨다. 이식 받은 장기가 궤멸하지 않을 정도의 수준까지 그 기능을 낮추는 것인데, 이렇게 되면 우리 몸의 면역계 기능이 약해져 각종 질병에도 몸이 취약하게 된다.

또 면역억제제를 쓰더라도 이식 받은 장기는 낮은 강도에서 공격을 받아 수년 정도가 지나면 궤멸하게 된다. 그러나 돼지의 몸에서 키운 인간의 줄기세포는 그 줄기세포의 원천이 환자 자신의 것이기 때문에 비록 돼지의 몸에서 자라기는 했지만, 온전한 환자 자신의 장기를 얻을 수 있다. 키메라 장기를 다시 환자 본인에게 이식할 경우, 이론적으로 면역 거부반응이 일어날 확률은 0%가 된다. 이것이 키메라 장기 연구가 주목받고 있는 이유이다.

9. 비만

내가 비만이면, 내 아들도 비만이다?

의학의 아버지 히포크라테스는 "비만은 질병일 뿐만 아니라 다른 질병과도 연관이 있다"고 말했다. 수천 년 전 히포크라테스의 조언에도 불구하고 비만에 대한 인류의 시각은 다소 흥미롭게 바뀌어 왔다.

고대 그리스와 이집트에서도 비만을 질병으로 인지했다. 하지만 중세와 르네상스 시대에는 비만이 부(富)의 상징으로 여겨지기도 했다. 인류의 역사를 볼 때 인간의 삶은 굶주림과의 전쟁이었기 때문이다. 이후 산업혁명을 거치면서 사람의 키와 몸무게는 그 나라의 경제력과 군사력에 중요한 요소로 작용하게 됐다. 1950년대에는 선진국의 유아 사망률은 감소했지만, 그들의 몸무게가 증가하면서 심장과 신장 질환 발병률이 증가하기도 했다.

그렇다면 현재의 한국은 어떨까? 주위를 살펴보면 다이어트를 위해 헬스나 요가, 필라테스 등 운동 하나 정도 하지 않는 사람을 찾기 힘들 정도다. 그만큼 한국인은 비만에 민감하다. 최근에는 여자들뿐만 아니라 남자들도 비만에 관심이 많아졌다. 건강상 살을 빼려는 사람들도 많지만, 일명 '그루밍grooming'족들이 늘어나면서 외적으로 보이는 모습에 대한 남성들의 관심이 늘어나고 있다.

비만은 체내에 지방조직이 과다하게 축적된 상태를 말한다. 체중이 많이 나가는 사람 대부분이 비만이지만, 일부는 근육 때문에 체중이 많이 나갈 수도 있어 지방조직이 과다한 상태를 비만으로 정의한다. 비만을 가늠하는 척도는 BMIBody Mass Index라고 불리는 신체 비만 지수이다. 신체 비만 지수는 체중을 신장의 제곱으로 나눈 값을 말한다. 한국인의 경우 신체 비만 지수가 25 이상이면 비만으로 본다. 서양인은 30 이상이지만, 인종 간의 차이를 고려한 것이다.

히포크라테스가 말한 것처럼 비만은 다른 질병의 발병과도 관련이 깊은데, 비만은 심혈관 질환, 2형 당뇨병, 폐쇄성 수면무호흡증, 골관절염, 우울증, 그리고 일부 암의 발병 위험을 높인다. 누구나 알고 있는 사실이지만, 비만의 주요 원인은 과도한 음식 섭취와 운동 부족이다. 그래서 비만의 해결 방안 역시 적절한 음식 섭취와 균형 있는 운동으로 꼽힌다.

그런데 비만을 바라보는 흥미진진한 시각이 있다. 많이 먹지만 운동을 덜 해서 살이 찌게 된 것이라면 사실 할 말이 없다. 그것은 본인

네덜란드 대기근 / ⓒwikimedia commons

이 응당 감내해야 할 문제다. 그런데 만약 내가 살이 쪘다고 해서 내 아들까지 살이 찌게 된다면 어떨까? 또는 열심히 운동을 하는데도, 부모의 비만으로 인해 자신까지 살이 찌게 된다면 어떨까? 비만도 대물림이 되는 것일까?

흥미롭게도 이 같은 질문의 답에 대한 실마리는 제2차 세계대전이라는 역사적 사건을 통해 드러났다. 2차 세계대전은 전 유럽을 폐허로 만들었지만, 네덜란드인에게는 특히 더 가혹했다. 이들은 엎친 데 덮친 격으로 굶주림에까지 시달려야 했다. 1944~45년까지 네덜란드를 점령한 독일이 다른 나라로부터 암스테르담으로의 식량 수입을 통제했기 때문이다. 여기에 더해 주요 수로가 추운 겨울 날씨로 꽁꽁 얼어붙으면서 식량 공급 루트도 차단됐다.

충분한 음식을 구할 수 없었던 네덜란드에서는 결과적으로 기근 famine이 발생했다. 당시 네덜란드인은 하루 평균 500*cal*를 섭취했는데, 이는 일일 평균 권장 섭취량의 1/4에 불과한 수준이었다. 4,500만 명이 굶주림에 시달렸고, 기근으로 인해 18,000명이 사망한 것으로 추정됐다.

이후 전쟁이 끝나고 다시 평화로운 시대가 왔다. 대기근 당시 임신부들은 아이를 낳았고 그 아이들이 무럭무럭 자랐다. 그런데 놀라운 사실이 밝혀졌다. 대기근 당시 잘 먹지 못한 임신부의 아이들이 자라서 비만아가 된 것이다. 1944~45년 대기근 당시 태아였던 아이들은 대기근 전이나 이후에 태어났던 형제, 자매보다 성인이 됐을 때 당뇨병에 더 많이 걸렸다. 이와 같은 당뇨병 경향은 1968~70년 나이지리아 비아프라Biafra 기근에서도 확인됐다.

언뜻 생각하면 이해가 잘 안 된다. 대기근 시절 잘 못 먹었던 엄마에게서 태어난 아이는 영양 섭취가 부족해서 오히려 더 마른 아이로 성장할 것 같기 때문이다. 그런데 이렇게 생각해 볼 수 있다. 먹을 것이 없던 대기근 시절 당시에는 적게 먹어도 생존하는 것이 급선무였다. 우리 몸은 이런 환경 변화에 대응하기 위해 신진대사를 바꾼다. 즉 생존 가능성을 높이기기 위해 우리 몸은 적은 영양분을 에너지로 저장하기 시작한 것이다.

우리 몸의 이러한 변화는 어떤 방식으로 일어나는 것일까? 유전자에서 단백질이 만들어지는 것을 유전자 발현gene expression이라고 한다는 점은 '들어가며'에서 설명했다. 그런데 이 유전자에 돌연변이가 일어나면 단백질이 아예 만들어지지 않거나 만들어지더라도 비정상적으로 만들어진다. 돌연변이는 유전자 발현을 조절하는 한 방법이다.

그런데 우리 몸에는 돌연변이 이외에도 유전자 발현을 조절하는 방법이 있다. 유전자에 특정 물질이 꼬리표처럼 달라붙으면, 유전자 발현이 잘 일어나지 않게 된다. 그러니까 유전자에 꼬리표가 붙으면 특정 단백질이 평소보다 덜 만들어져 우리 몸에서 원래 단백질이 하던 기능이 대폭 줄어들게 된다는 것이다.

미국 컬럼비아 대학 램버트 루미Lambert Lumey 연구팀이 네덜란드 대기근을 겪었던 사람들의 DNA를 분석했더니, 이들의 'IGF2Insulin-like Growth Factor 2'라는 성장 호르몬 유전자의 꼬리표가 평균보다 적은 수준으로 나타난 것을 확인할 수 있었다. 꼬리표가 적으면 특정 유전자의 발현을 증가시킨다. 특정 단백질이 많이 만들어지는 것이 우리 몸에 무슨 큰 결과를 불러올 수 있냐는 의문이 들 수도 있지만, 단백질 하나만으로도 인체에는 큰 변화가 일어난다. 흥미로운 점은 유전자에 꼬리표가 붙는 것은 유전자 돌연변이가 아니기에 유전자 자체에는 변화가 없지만, 후손에게 그 정보가 전달된다는 것이다.

대기근 시절 생존을 위해 엄마의 몸에서 에너지를 저장해야 한다는 정보를 담은 유전자 꼬리표는 그 후손에게 고스란히 전달되었다. 이 유전자 꼬리표를 물려받은 아이들은 대기근이 아님에도 불구하고 에너지를 저장해야 한다는 생체 신호가 활성화되어 지방을 더 많이 축적하게 되었고, 결과적으로 비만이 된 것이다.

이 유전자 꼬리표는 어떻게 작용하여 유전자 발현을 조절하는 것일까? 꼬리표는 일종의 화학물질로, 분자구조가 단순한 메틸methyl기이다. 메틸기는 메탄에서 수소 원자 1개를 뺀 것으로, 탄소 원자 1개와 수소 원자 3개로 구성된 화학물질이다. 그래서 유전자에 꼬리표가 붙는 것을 'DNA 메틸레이션methylation'이라고 부른다. 유전자가 발현되기 위해서는 DNA에서 RNA로 전사가 일어나야 하는데, 그러려면 DNA 상에 전사와 관련한 단백질들이 달라붙어야 가능하다. 그런데 유전자에 꼬리표가 붙는 DNA 메틸레이션이 일어나면 이 전사 단백질들이 DNA에 결합하지 못하고 결과적으로 전사가 일어나지 않아 단백질이 발현되지 않게 된다.

그렇다면 유전자 꼬리표는 아들 세대뿐만 아니라 손자 세대까지도 대물림될 수 있을까? 이에 대한 실마리를 찾을 수 있는 흥미로운 동물실험 결과가 있다. 비만 쥐가 새끼를 낳았더니 새끼 쥐가 비만이 됐다. 그런데 이 새끼 쥐가 자라서 나중에 또 새끼를 낳았더니 그 쥐역시 비만 쥐가 됐다는 것이다. 요약하면 1세대 쥐에게 있던 비만 꼬리표가 유전돼 2세대와 3세대까지 전달된 것이다. 하지만 이 같은 유전자 꼬리표가 인간의 경우 몇 세대까지 전달되는지에 대해서는 아직 명확한 결과가 나오지는 않았다.

혹시 비만을 일으키는 유전자 꼬리표의 구체적인 정체를 규명한다면, 인간이 이를 자유자재로 떼어놓을 수 있을까? 유전자 돌연변이의 돌연변이 유전자를 교정하는 것은 굉장히 힘들지만, 유전자 꼬리표를 떼어내는 것은 상대적으로 쉬운 일이다. 때문에 아직 현실화되지는 않았지만, 이와 관련한 연구가 활발히 진행되고 있다. 머지않아 유전자 꼬리표를 활용한 새로운 비만 치료제가 개발되지 않을까라는 기대를 품어본다.

지방을 태우는 지방이 있다?

축구는 한국인이 참 좋아하는 스포츠다. 축구 하면 황제 펠레나 마라도나, 메시, 호날두 등 뛰어난 선수들이 함께 떠오른다. 그런데 펠레를 비롯해 축구계를 주름잡던 선수들에겐 한 가지 공통점이 있다. 하나같이 허벅지가 보통 사람 이상으로 두껍다는 점이다. 우리가 흔히 말하는 '말벅지(말의 허벅지의 준말)'다. 운동선수 중에 말벅지가 아닌 사람이 있겠나 싶기도 하지만 축구 선수들은 유독 다리 근육이 발달했다. 전, 후반 90분 내내 경기장을 뛰어다니고 발로 공을 차 넣는 경기의 특성 때문이 아닐까 싶다.

또 축구 선수 가운데에서 배가 나온 선수를 좀처럼 찾기 힘들다. 간혹 야구 선수 중에는 배가 좀 나온 선수도 있고, 골프 선수 중에도 그런 경우가 있기는 하지만 축구 선수들은 대부분 몸이 좋은 편이다. 그들의 근육질 몸의 비결이 탄탄한 허벅지에 있다면 어떨까?

이래저래 지방은 몸에 나쁜 것, 살을 찌게 하는 주범으로 지목된다.

그런데 사실 지방은 탄수화물, 단백질과 더불어 3대 영양소 중 하나이다. 지방은 일종의 에너지 저장고라고 할 수 있는데, 에너지 효율이 3대 영양소 중에서 가장 뛰어나다. 탄수화물이나 단백질은 1g당 4kcal의 열량을 내지만, 지방은 이의 두 배 정도인 9kcal의 열량을 낸다. 자동차 기름으로 비유하자면 지방이 연비가 가장 좋은 셈이다.

연료 효율 면에서 으뜸인 지방은 흔히 에너지 저장 작용을 하는 것으로 알려져 있는데, 이와는 반대로 에너지를 태우는 역할을 하는 지방 또한 우리 몸에 존재한다. 쉽게 말해 우리 몸의 지방은 크게 에너지를 저장하는 지방과 에너지를 연소하는 지방으로 나눌 수 있다.

먼저 에너지를 저장하는 역할을 하는 지방부터 살펴보자. 한국인이 즐겨 마시는 소주를 마실 때 빼 놓을 수 없는 안주가 삼겹살이다. 삼겹살에는 붉은 색 살코기 외에도 지방으로 이뤄진 흰색 부위가 있다. 이 부위를 전문용어로 '백색 지방white fat'이라고 부른다. 이것의 주요 역할이 에너지를 저장하는 것이다. 동시에 비만의 주범으로 지목되는 지방 또한 이 백색 지방이다. 뱃살이 두껍게 쌓이고 힘이 없어 축 쳐지게 되는 것은 대부분 이 백색 지방이 과도하게 많아서이다.

반대로 지방을 불태우는 역할을 하는 지방도 있다. 바로 '갈색 지방brown fat'이라는 것인데, 지방 세포의 색이 갈색이어서 갈색 지방이라고 부른다. 이 갈색 지방은 주로 목이나 빗장뼈(쇄골), 겨드랑이 등에 존재한다. 지방을 태운다는 점에서 갈색 지방을 이른바 '착한 지방'이라고 부르기도 한다.

아기의 몸에는 갈색 지방이 많이 있지만, 성인의 몸에는 거의 없다. 성인과 달리 팔과 다리를 아직 잘 움직이지 못하는 아기는 추위에 노출됐을 때 몸을 움츠리는 등의 행동으로 추위를 이겨내기가 힘들다. 그래서 우리 몸에서는 자연적으로 추위를 견디게 하는 일종의 '난로' 같은 발열 장치가 존재하는데, 이것이 바로 갈색 지방이다. 지방을 태워 스스로 열을 내 추위를 견뎌내는 것이다. 그러나 자라면서 성인이 되면 추위에 대응하는 다양한 방법을 구사할 수 있게 되어 갈색 지방이 점점 없어지는 것으로 과학계는 보고 있다.

그렇다면 성인의 경우 소량으로나마 존재하는 갈색 지방을 활성화하거나, 백색 지방을 갈색 지방으로 전환하게 된다면 체중을 쉽게 감량할 수 있지 않을까? 놀랍게도 우리 몸에는 이와 같은 역할을 하는 호르몬이 존재한다. 바로 '아이리신irisin'이라는 호르몬이다. 아이리신 호르몬은 백색 지방을 갈색 지방으로 바꾸는 역할을 한다.

갈색 지방에는 다량의 미토콘드리아가 존재한다. 미토콘드리아는 철을 포함하고 있어 미토콘드리아의 밀도가 높으면 세포가 갈색으로 보이게 된다. 갈색 지방이 갈색을 띠는 이유다. 미토콘드리아가 세포 내에서 에너지를 생산하는 발전소 역할을 한다는 것은 앞서 설명했다. 미토콘드리아가 열을 낼 때, 즉 에너지를 소모할 때 핵심 역할을 하는 것이 'UCP1UnCoupling Protein 1'이라는 단백질이다. 아이리신 호르몬은 이 UCP1 단백질을 활성화한다.

흥미로운 점은 이 아이리신 호르몬이 근육, 그중에서도 허벅지 근육에서 많이 분비된다는 점이다. 이런 관점에서 보면 허벅지가 말의 허벅지처럼 두꺼운 축구선수들이 뱃살이 없고 균형 잡힌 몸매를 가진 것이 어느 정도 이해가 된다. 물론 축구 선수들의 근육질 몸이 단지 아이리신 호르몬 때문만은 아닐 것이다. 그러나 아이리신의 이 같은 특성 때문에 다이어트를 하고 싶다면 여러 운동 중에서도 특히 하체 운동에 주력할 것을 전문가들은 조언한다.

아이리신 호르몬은 수면 호르몬으로 불리는 멜라토닌과도 관련이 있다. 우리 몸은 주위가 어두워지면 밤으로 인식하고 잠을 자기 위해 멜라토닌melatonin이라는 호르몬을 분비한다. 멜라토닌은 주위가 밝거나 TV를 늦게까지 시청한다면 잘 분비되지 않는다. 그런데 이 멜라토닌 호르몬이 갈색 지방의 연소 기능을 활성화하는 것으로 밝혀졌다. '수면이 보약이다, 잠만 잘 자도 살이 빠진다'는 우스갯소리가 있는데, 이런 관점에서 보면 어느 정도 일리가 있는 얘기인 셈이다.

한편, 최근 미국 솔크 연구소 연구팀은 갈색 지방세포에서 핵심 역할을 하는 단백질을 규명했다. 이 단백질은 '에스트로겐 관련 수용체 감마estrogen-related receptor gamma'인데, 우리 몸의 호르몬인 에스트로겐과 결합하는 단백질이라는 뜻이다. 솔크 연구소 연구팀이 생쥐 실험에서 에스트로겐 수용체 감마 유전자를 제거했더니 갈색 지방세포가 백색 지방세포를 닮아가기 시작했다. 생쥐를 추위에 노출했을 때 갈색 지방세포가 여분의 지방을 불태우면서 열을 내야 하는데, 그렇게 되지 못한 것이다.

이는 곧 에스트로겐 수용체 감마 단백질이 갈색 지방의 지방 연소에 핵심적인 역할을 한다는 의미다. 바꿔 생각하면 백색 지방세포에서 이 유전자를 활성화했을 때 지방을 태우는 효과가 있을 수도 있다는 뜻이다. 이에 따라 솔크 연구소 연구팀이 그 효과를 입증하기 위한 후속 연구를 준비하고 있다. 이 연구가 동물실험을 거쳐 인체 임상시험에서도 효과가 확인된다면 새로운 비만 치료제가 개발될 것으로 전망된다.

장내 미생물…뚱보 균을 없애라!

이번에는 제2의 장기로 불리는 장내 미생물과 비만과의 관계에 대해 살펴보고자 한다. 영화 〈광해, 왕이 된 남자〉를 보면 궁궐 생활이 낯선 주인공이 대궐에서 변을 보는데 웃지 못할 상황이 연출된다. 왕의 건강 상태를 알아보기 위해 신하들이 대변을 맛보는 장면이다. 이같은 장면은 사극에서도 종종 볼 수 있다. 몸 밖으로 배출된 음식 찌꺼기인 대변에서 건강 상태를 알아본다고 하니 더러우면서도 한편으로는 대변 속에 뭔가 특별한 게 들어있나? 라는 생각도 든다.

우리 몸을 이루는 기본 단위는 세포다. 세포는 우리 몸에 수십조 개가 존재한다. 그런데 이 세포보다 더 많이 우리 몸에 존재하는 생명체가 있다. 바로 미생물이다. 이들 미생물의 90%는 장에 존재하는데, 장에 존재하는 미생물을 줄여서 장내 미생물이라고 부른다. 장내 미생물은 우리가 대변을 보면 그 대변 속에 같이 묻어서 배출된다. 대변의 성분을 분석해 보면 수분을 뺀 대부분을 장내 미생물이 차지하고 있다. 이 장내 미생물은 우리 몸에서 여러 가지 기능을 수행하지만 다양한 질병과도 관련이 깊은데, 그중 하나가 바로 비만이다.

장내 미생물과 비만의 연관성과 관련해 미국에서 흥미로운 연구가 진행되었는데 그 내용이 다소 충격적이다. 연구팀이 몸속 미생물을 없앤 쥐에게 뚱뚱한 쥐의 대변을 이식했는데, 그랬더니 그 쥐가 뚱뚱해진 것이다. 반대로 마른 쥐의 대변을 이식했더니 그 쥐는 날씬해졌다. 뚱뚱한 쥐의 대변 속에 있는 장내 미생물이 쥐를 뚱뚱하게 만들고, 반대로 마른 쥐의 대변 속에 있는 장내 미생물이 쥐를 날씬하게 만든 것이다.

후속 연구에서는 뚱뚱한 사람의 대변을 쥐에게 이식했더니 쥐가 뚱뚱해지고, 마른 사람의 대변을 이식했더니 날씬해진 것으로 나타났다. 이는 사람이나 쥐나 뚱뚱한 생명체에는 비만을 일으키는 미생물이 존재하고, 반대로 마른 생명체에는 살을 빠지게 하는 미생물이 존재한다는 것을 의미한다. 뚱보 미생물과 홀쭉이 미생물이 따로 있다는 얘기다.

여기에서 착상하여 비만을 해결하는 방법도 개발되었다. 바로 대변 이식술이다. 건강한 사람의 대변 속 장내 세균을 비만이거나 병든 사람에게 주입해 장내 세균 분포를 변화시키는 것이다. 물론 대변 그 자체를 주입하는 것은 아니다. 대변을 급속으로 냉동시켜 좋은 미생물을 추출한 뒤 이를 내시경 등을 통해 환자의 장에 투입한다.

대변 이식의 핵심은 장내 미생물의 균형을 맞추는 것이다. 우리 몸 속에는 수없이 많은 장내 미생물이 존재하는데 이 중에는 몸에 이로운 작용을 하는 미생물도 있지만, 반대로 몸에 해로운 작용을 하는 미생물도 있다. 건강한 사람은 이들 미생물이 균형을 이뤄 우리 몸에 별다른 문제를 일으키지 않지만, 비만이거나 몸이 아픈 사람의 경우엔 몸에 나쁜 미생물이 더 많아 건강에 안 좋은 영향을 끼치게 된다. 이 같은 불균형을 건강한 사람의 대변 속에서 몸에 이로운 미생물을 추출해 정상으로 되돌리려는 것이다. 대변이라는 용어 때문에 낯설기는 하지만, 이미 선진국에서는 시행되고 있는 방법이다.

상황이 이렇게 되자 쓸모없는 것으로 간주했던 대변을 모아서 보관하는 '대변은행'까지 생겼다. 미국을 시작으로 캐나다와 네덜란드 등에서 대변은행이 운영 중에 있는데, 건강한 사람의 대변을 기증받아 장내 미생물을 추출해 보관한다. 과학자들은 구체적으로 장내 미생물 가운데 어떤 미생물들이 비만과 관련이 있는지 연구를 진행하고 있다.

장내 미생물은 비만뿐 아니라 당뇨병 치료에도 활용되고 있다. 특히 당뇨병의 경우 어떤 미생물이 당뇨병 치료에 효과가 있는지도 밝혀졌다. 여기에 더해 이 미생물이 만들어 내는 여러 물질들 가운데 어떤 물질이 당뇨 치료에 효과가 있는지도 규명됐다. 네덜란드·벨기에 공동 연구팀은 국제학술지『네이처 메디슨Nature Medicine』에 발표한 논문에서 장내 미생물인 아커만시아 뮤시니필리아*Akkermansia* *muciniphila*가 가지고 있는 막 단백질 'Amuc_1100'이 당뇨병과 비만 개선에 효과가 있다는 점을 생쥐 실험에서 확인했다. 이를 바탕으로 약을 개발하게 될 경우, 장내 미생물을 이식할 필요 없이 약을 먹는 것으로 간단히 당뇨병을 치료할 수 있을 것으로 기대된다.

세계 최초의 장내 미생물 치료제

앞 장에서 장내 미생물이 비만과 관련 있다고 설명했다. 우리 몸에는 우리 세포보다 더 많은 수의 미생물이 살고 있고, 이들 미생물의 90%가 장에 존재한다. 이렇게 다양한 미생물들이 우리 몸의 세포와 조화롭게 지내면 우리는 건강하게 살 수 있다. 그런데 우리 몸에 좋지 않은 역할을 하는 특정 균이 우세하면, 우리 몸은 아프기 시작한다. 장내 미생물 균총의 균형이 깨졌기 때문이다. 장내 미생물 치료제는 이렇게 균형이 깨진 미생물 균총을 바로 잡겠다는 아이디어에서 출발했다. 우리 몸에서 좋은 역할을 하지만 나쁜 균의 득세로 사라진 몸에 좋은 미생물을 인위적으로 몸에 다시 넣어준다면 소기의 치료 효과를 기대할 수 있다.

미국 FDA는 2022년 클로스트리디움 디피실 감염증Clostridium

difficile infection에 대한 장내 미생물 치료제를 세계 최초로 승인했다. 우리 몸에서 클로스트리디움 디피실 균이 필요 이상으로 증식하면 설사와 장염을 유발하고 심할 경우 생명을 위협한다. 이 치료제는 건강한 사람의 대변으로부터 유익한 균을 추출한 뒤 액체 형태로 만들어 환자의 항문을 통해 주입하는 방식이다. 장내 미생물 치료제로는 미국 FDA의 승인을 받은 최초의 제품이지만, 액체 형태로 항문으로 주입해야 한다는 점에서 환자의 불편이 크다는 비판도 있었다.

이후 2023년 미국 FDA는 같은 감염증에 대한 두 번째 장내 미생물 치료제를 승인했다. 두번째 치료제는 장내 미생물을 이용해 클로스트리디움 디피실 감염증을 치료한다는 점에서는 전자와 같지만, 복용에서 큰 차이가 있다. 이 치료제는 환자가 먹는 방식의 치료제, 즉 경구용 치료제이다. 상대적으로 환자의 편의성이 커졌다는 평이다.

장내 미생물을 활용한 치료제는 우리 몸에 존재하는 좋은 미생물을 이용한다는 점에서 기존의 합성 의약품보다 상대적으로 부작용이 적은 것으로 평가받는다. 이런 점에서 그동안 장내 미생물 치료제에 대한 기대는 컸지만, 최근까지 FDA 승인 장내 미생물 신약이 나타나지 않자 장내 미생물 신약은 사실상 불가능한 것이 아니냐는 회의론이 제기되기도 했다. 하지만 FDA가 최근 2개의 장내 미생물 치료제는 연이어 승인하면서 이 같은 불신은 상대적으로 작아졌다. 이제 막 태동하기 시작한 장내 미생물 치료제가 앞으로 어떤 질병까지 그 치료 영역을 확대할지, 바이오의학계의 기대는 커지고 있다.

살을 빼는 약이 있다면?

최근 식욕을 억제하는 일련의 약들이 미국을 중심으로 큰 인기를 얻고 있어 주목된다. 이들 약은 호르몬 GLP-1의 유사체agonist로 체내에서 GLP-1 호르몬과 같은 기능을 수행한다. GLP-1은 인슐린 분비를 촉진해 혈당을 낮추고, 음식을 먹으면 뇌에 포만감 신호를 보내 식욕을 억제한다. GLP-1 유사체 계열의 약을 먹으면 속이 메스꺼워 밥을 먹는 것을 꺼리게 된다고 전문의들은 설명한다. 그런데 흥미롭게도 GLP-1 유사체 계열의 약은 모두 처음엔 당뇨병 치료제로 개발됐다. 하지만 임상시험 중 살이 빠지는 효과가 나타나 당뇨병 치료제로 FDA 승인 이후 비만 치료제로 추가 승인을 획득했다.

그렇다면 이런 약들의 체중 감량 효과는 어느 정도 수준일까? 지난 2014년 미국에서 승인된 비만 치료제 S는 임상시험에서 매일 1번씩 56주간 주사를 맞으면 체중이 평균 8% 빠지는 것으로 나타났다. 약의 업그레이드 버전인 치료제 W는 2021년 FDA의 승인을 받았는데, 1주일 1번씩 68주간 주사를 맞을 경우 평균 15% 체중 감량 효과를 내는 것으로 보고됐다. 이어 2022년에는 1주일에 1번씩 72주간 주사를 맞을 경우 평균 20% 체중 감량 효과를 낸 치료제 M이 개발되어 FDA의 승인을 기다리고 있다. 체중 감량 효과가 아주 큰 것은 아니지만, 그렇다고 아예 없는 것도 아니다. 그렇지만 이들 약에도 맹점은 있다. 복용을 중단하면 다시 살이 찐다는 점이다.

이런 측면에서 보면 '마법처럼' 살을 빼주는 약을 기대하는 것은 아직 먼 이야기일 수도 있다. 기본적으로 식사를 약으로 조절하는 데에 그 포커스가 맞추어져 있기 때문이다. 우리가 적게 먹고 많이 움직인다면 살이 빠질 수밖에 없다. 우리가 먹어서 몸속에 들어 온 열량보다 운동 소모열량이 더 크다면, 그 차이를 체내에 축적된 지방을 태워 보충해야 하기 때문이다.

이런 이유에서 살을 빼는 방법 가운데 하나는 간헐적 단식이라고 전문가들은 지적한다. 간헐적 단식은 하루에 18시간을 먹지 않고 6시간 동안만 먹는다든지, 5일 동안 4일은 먹고 하루는 먹지 않는 등의 식이 요법이다. 하지만 회식이나 모임 등 사회생활을 하는 일반인이 간헐적 단식을 하기란 현실적으로 쉽지 않다는 단점도 있다. 비만 치료제가 상용화된다면, 이러한 불편함을 어느 정도는 해결해줄 수 있지 않을까?

10. 노화

세포 노화 척도…'텔로미어'

지난 1997년 프랑스의 잔 칼망Jeanne Calment 여사가 122세의 일기로 숨져, 세계 최고령자로 기록됐다. 1875년에 태어난 칼망 여사는 122년 164일을 살았으며, 이 기록은 1999년 기네스북에 등재됐다. 칼망 여사는 85세부터 펜싱을 시작했고 110세까지 자전거를 타는 등 건강한 노후를 보낸 것으로 알려졌다. 칼망 여사의 사례는 이미 인류가 100세 시대에 진입했다는 점을 시사한다. 그래서 요즘 자주 언급되는 것이 '호모 헌드레드Homo Hundred', 이른바 100세 시대인 것이다.

100세 시대는 일반인뿐만 아니라 과학자들의 주요 관심사 가운데 하나인데, 이와 관련한 흥미로운 내기가 있다. 내기의 주인공은 스티븐 오스태드Steven Austad 앨라배마 대학 교수와 제이 올샨스키Jay Olshansky 일리노이 대학 교수다. 내기의 시작은 2000년으로 거슬러 올라간다. 오스태드 교수는 미국의 저명한 과학 잡지『사이언티픽 아메리칸Scientific American』에 인간의 수명이 150세까지 가능할 것이란 도발적인 글을 실었다. 이에 대해 올샨스키 교수가 그렇지 않다고 반박하면서 논쟁은 급기야 내기로 번졌다.

두 교수는 각각 150달러를 펀드에 투자했다. 그리고 계약서를 작성했는데, 지금부터 150년 뒤 내기의 결과에 따라 그 후손에게 돈을 물려준다는 것이다. 물론 150세의 인간이 존재하게 되더라도 건강한 상태의 인간이어야 한다는 조건을 달았다. 2000년 당시 300달러의 펀드는 현재의 주식상승률을 반영한다면 150년 후 수천만 달러에 달할 것으로 전망된다. 만약 150세까지 생존한 인간이 존재한다면 오스태드 교수의 자손은 엄청난 횡재를 하게 된다.

2016년 과학 잡지『네이처』에 인간의 사망률 데이터베이스를 분석한 얀 페이흐Jean Vijg 박사 연구팀의 논문이 게재되었다. 연구팀은 인류의 수명이 1920년대 이후 꾸준히 증가했지만, 1980년 정점을 찍고 난 후부터는 아주 조금씩 증가하고 있다고 밝혔다. 페이흐 박사는 사람의 수명에는 한계가 있고, 그 한계가 대략 115세일 것으로 결론 내렸다. 그는 인간이 125세를 넘게 살 확률은 만분의 1도 채 안 된다고 주장했다. 그의 분석처럼 인간의 수명은 정말 한계가 있는 것일까? 만약 그렇다면, 이 한계를 정하는 기준은 무엇일까?

생명체가 생명 현상을 유지한다는 것은 계속해서 세포를 만들어 낸다는 의미다. 세포가 끊임없는 분열을 통해 병든 세포를 새 세포로 교체하는 활동이 끊이지 않는다면 그 생명체는 생명 현상을 이어가는 것으로 볼 수 있다. 이는 바꿔 말하면 세포가 세포 분열을 멈춘다면 노화가 시작되고, 생명 현상을 이어갈 수 없게 되어 결국에는 개체가 죽게 된다는 의미다. 결국 세포가 분열하는 횟수가 제한되어 있다는 말일까? 이 질문은 곧 "개체의 수명에 한계가 있는가?" 라는 질문과 일맥상통한다.

세포 분열은 곧 하나의 세포가 자신이 가진 DNA를 복제한 뒤, 분열을 통해 새로 생기는 세포에 이를 전달해 주는 행위라고 볼 수 있다. 새로 생기는 세포가 기존 세포가 가진 것과 똑같은 DNA를 갖게 되는 것이다. 그래야만 새로 형성되는 세포가 유전정보인 DNA를 온전히 갖게 되어, 생명 현상에 필요한 모든 기능을 원활히 수행할 수 있다.

그래서 세포 분열을 언제까지 할 수 있을지에 대한 물음은 세포가 언제까지 DNA 복제를 할 수 있느냐는 것과 같은 질문이다. 우리 몸에서 DNA는 매우 정교한 과정을 거쳐 복제된다. DNA는 워낙 중요한 물질이기 때문에 복제 과정에서 오류가 발생하면 이를 바로잡는 장치가 우리 세포 안에 만들어져 있다. 이를 'DNA 복구 장치repair system'라고 부른다.

또 복제되는 과정에서 DNA가 행여 망가지는 것을 방지하기 위한 일종의 보호 장치가 DNA 양쪽 끝에 존재한다. 이해를 돕기 위해 신발 끈을 예로 들어 보자. 신발 끈의 양쪽 끝에는 끈을 보호하는 플라스틱이 감싸고 있다. 이 플라스틱은 신발 끈을 좀 더 쉽게 묶을 수 있도록 도와주는 역할도 하지만, 신발 끈의 끝이 닳지 않도록 보호하는 역할도 한다.

DNA의 양쪽 끝에도 신발 끈의 플라스틱처럼 DNA를 보호하는 역할을 하는 일종의 특수 장치가 있다. 이 장치를 '텔로미어telomere'라고 부른다. 엘리자베스 블랙번Elizabeth Blackburn 교수가 이 텔로미어를 발견한 공로로 2009년 노벨 생리의학상을 받았다.

그러나 텔로미어는 신발 끈의 플라스틱처럼 DNA 양쪽 끝에 특정 물질이 감싸고 있는 형태는 아니다. 특정 염기서열이 반복적으로 이루어져 있는 DNA의 양쪽 끝 짧은 부위를 말한다. 인간 텔로미어의 경우 6개의 염기서열이 대략 2,500배 정도 반복되어 이뤄진 DNA의 짧은 단편이라고 볼 수 있다.

이를 계산해보면 텔로미어의 평균 길이는 약 15,000(6×2,500)bp이다. bp는 'base pair'의 약자로, 쉽게 말하면 DNA 염기가 몇 개로 이뤄졌는지를 뜻한다. pair는 DNA 염기가 상보적으로 결합해 DNA가 2가닥으로 존재하기 때문에 붙여진 단어다. 따라서 인간의 텔로미어는 15,000×2=30,000bp, 총 3만 개의 염기로 이루어져 있다는 것을 알 수 있다.

그런데 흥미로운 점은 DNA를 보호하는 역할을 하는 텔로미어가

영구적으로 손상 없이 존재하는 것이 아니라, DNA가 복제될 때마다 조금씩 짧아진다는 점이다. 쉽게 말해 텔로미어는 생물학적 노화 시계인 셈이다. 세포가 분열과 DNA 복제를 계속하다가 어느 시점이 되면 텔로미어가 닳아 없어져, DNA를 더는 복제할 수 없게 된다. 이렇게 되면 세포 분열도 멈춘다. 세포가 분열을 멈추면 세포 노화가 시작되는 것이고, 이것이 결국 개체의 노화로 이어지는 것으로 과학계는 보고 있다.

즉, 텔로미어는 DNA의 온전함을 유지하는 데 핵심적인 역할을 하는 동시에, 노화와 관련한 질병의 원인으로도 작용하고 있다. 텔로미어가 짧아지는 것은 노화의 진행과 암 발생에 영향을 미치는 것으로 밝혀졌다. 생명체의 수명엔 한계가 있다는 주장의 근간에는 이처럼 텔로미어가 점점 줄어드는 현상이 그 바탕에 자리한다.

텔로미어 역설…노화 억제하면, 암에 걸린다?

그렇다면 이런 질문을 떠올려 볼 수 있다. 인위적으로 텔로미어의 길이가 줄어드는 것을 방지하거나 줄어든 텔로미어의 길이를 원상으로 복구할 수 있다면 그 생명체는 계속해서 오래 살 수 있는 것이 아닌가? 하는 것이다. 그래서 과학자들이 주목한 것이 어떻게 하면 텔로미어의 길이가 줄어드는 것을 막을 수 있는가? 하는 것이었다. 다행히 이에 대한 해답을 블랙번 교수의 노벨상 수상에서 찾을 수 있다.

블랙번 교수가 노벨상을 받게 된 이유는 텔로미어뿐만이 아니다. 하나가 더 있다. 바로 '텔로머레이즈telomerase'라는 효소를 발견한 공로다. 이 효소는 텔로미어의 길이와 밀접한 관련이 있는데, 텔로머레이즈는 텔로미어가 줄어드는 것을 방지하는 역할을 한다. 텔로머레이즈가 어떤 특정 세포에서 작용한다면 그 세포는 텔로미어의 길이가 줄어들지 않는다.

과학자들이 노화 연구에 많이 쓰이는 실험 동물인 예쁜꼬마선충 C. elegans을 대상으로 텔로머레이즈 실험을 한 결과, 예쁜꼬마선충의 텔로미어 길이가 늘어난 것으로 나타났다. 이와 관련하여 1998년 미국의 한 연구팀은 흥미로운 실험을 진행했다. 텔로미어를 제거한 인간 세포에 텔로머레이즈를 도입한 것이다. 실험 결과 텔로머레이즈를 도입한 인간 세포는 평균적인 세포 수명을 넘어 20회 이상의 세포 분열을 더 한 것으로 나타났다.

그렇다면 텔로미어가 줄어드는 것을 막는 것이 인류에게 중요한 일이지 않을까? 라고 생각해 볼 수 있다. 그러나 꼭 그렇지만도 않다. 우리 몸에는 평소 텔로머레이즈가 작동하고 있는 특별한 세포들이 있다. 첫 번째는 생식 세포인 정자와 난자 세포이다. 이들 세포는 한 생명체의 DNA를 다음 세대로 전달하는 역할을 하기 때문에 생명체의 진화 관점에서 보면 매우 중요한 일이다. 그래서 우리 몸의 모든 체세포는 텔로머레이즈의 작동을 꺼놓고 있지만, 유독 생식세포에서만은 그 기능을 켜놓고 있다.

그런데 이 텔로머레이즈가 상시 작동시키고 있는 또 다른 세포가 바로 암세포다. 텔로머레이즈는 정상세포에서는 작동하지 않지만, 이 정상세포가 암세포로 바뀌면 작동하기 시작한다. 암세포의 주요 특징 가운데 하나가 세포가 분열을 멈추지 않고 무한히 증식한다는 것이다. 이를 위해서 암세포는 텔로미어가 줄어드는 것을 방지하는 텔로머레이즈를 작동하는 전략을 이용한다.

암세포의 이 같은 특징은 몇 가지 중요한 의미를 갖는다. 먼저 암세포의 텔로머레이즈를 공략하는 것이 새로운 항암 치료 전략이 될 수 있다는 점이다. 텔로머레이즈가 암세포에서 더는 기능하지 못하게 된다면 그 암세포는 소멸할 것이기 때문이다. 두 번째로는 정상세포에서 텔로머레이즈가 작동하지 않는 것은 정상세포가 암세포가 되는 것을 막기 위한 일종의 보호 장치라고도 볼 수 있다. 한마디로 우리 세포는 영원히 분열하는 것을 포기하는 대신 생명체가 암에 걸리는 것을 방지하는 쪽을 진화적으로 선택했다고 볼 수 있다.

쉽게 말해 암에 걸리고 오래 살 것이냐, 암에 안 걸리고 적당히 살 것이냐는 선택의 기로에서 생명체는 후자를 택한 것이다. 그래서 노화를 연구하는 과학자들도 텔로머레이즈를 정상세포에서 활성화 하는 방법에 대해서는 예상치 못한 생물학적 결과를 초래할 수 있기에 매우 조심스러운 입장이다. 병들어 오래 사느냐, 병들지 않고 건강하게 오래 사느냐. 이 두 지점의 적정선을 찾아내는 것이 노화 정복의 핵심일 것이다.

불로장생의 꿈, 수명 연장 '약'…그 정체는?

달에서도 보인다는 인류 최대의 건축물 '만리장성'을 짓게 한 진시황은 건강에도 관심이 많았다. 사실 진시황은 사람이 죽지 않고 영생할 수 있는 '불로초'를 기기묘묘한 곳에서 찾을 만큼 간절히 불로장생의 꿈을 꿨다 해도 과언이 아니다. 진시황 시대 사람들은 주변에서 흔히 구할 수 있는 풀이나 약초에서는 영생의 묘약을 찾기 힘들 것이라고 생각해, 광활한 중국 본토뿐만 아니라 한반도의 끝자락 탐라(제주도)까지 그의 손길이 뻗친 것으로 야사는 전하고 있다.

불로초와 같이 신비한 약이 어딘가 닿기 힘든 곳에 있을 것이라는 생각은 진시황이 죽은 지 2천 년이 훌쩍 지난 지금에도 제법 그럴듯하게 여겨진다. 그러나 오래 살 수 있도록 도와주는 약이 우리가 생각하는 것처럼 거창한 것이 아닐 수도 있다. 다시 말해 어떤 특별한 약효를 가진다거나, 정말 구하기 힘든 특별한 약초를 성분으로 하여 만들어진 것이 아닐 수도 있다는 이야기다.

메트포민Metformin은 수많은 당뇨병 약 가운데 하나이다. 이 약의 성분은 1922년에 처음 발견됐다. 1950년 프랑스 의사 장 스턴Jean Sterne은 메트포민이 사람에게 미치는 영향에 대해 연구하기 시작했다. 이후 1957년 메트포민은 프랑스에서 당뇨병 약으로 승인됐고, 1995년부터는 미국에서도 사용되기 시작했다. 참고로 미국에서 사용이 늦어지게 된 배경에는 펜포민Phenformin이라는 약이 관련되어 있다. 이 약은 메트포민과 비슷한 기능을 수행하는 약인데, 인체 부작용이 보고되면서 당시 미국 사회에 큰 충격을 줬다. 그래서 미국 사회에서는 펜포민과 비슷한 메트포민의 사용이 프랑스보다 훨씬 늦어지게 되었다.

어쨌든 메트포민은 1950년대부터 오랜 세월 인류가 사용해 온 만큼 약의 안전성과 효능도 충분히 검증된 약이다. 부작용이 아예 없는 약은 존재하지 않기 때문에 일반적인 부작용은 물론 있지만, WHO는 메트포민을 가장 효과적이고 안전한 약 중 하나로 인정하고 있다. 비용도 별로 비싸지 않다. 한 마디로 당뇨병 환자가 병원에 가면 가장 흔하게 처방 받게 되는 당뇨병 약이 메트포민인 것이다.

흥미로운 점은 이 메트포민이 불로장생의 가능성이 있는 약의 1순위로 꼽힌다는 점이다. 당뇨병 약이 진시황이 애타게 찾던 불로장생의 효험이 있다니, 잘 믿기지가 않는다. 이 약의 생명연장 효과는 우리 몸의 세포로 하여금 에너지를 덜 쓰게 만드는 데 있다. 메트포민은 우리가 칼로리를 제한해 먹은 것과 비슷한 효과를 세포에 일으킨다. 그러면 세포는 에너지를 많이 쓰는 ATP라는 물질보다, 에너지를 덜 쓰는 AMP라는 물질을 더 많이 만든다. 이런 차이가 몸의 신진대사를 변화시키는데, 그 변화 중 하나로 단백질 합성이 느려져 세포가 에너지를 더 적게 쓰게 되는 것이 있다. 세포는 이 여분의 에너지를 노화를 억제하는 데 사용한다.

'TAME Targeting Aging with Metformin'이라는 프로젝트가 있다. '메트포민으로 노화를 공략하겠다' 라는 뜻이다. 미국 앨버트 아인슈타인

의대 연구팀은 생쥐를 대상으로 메트포민을 투여한 결과, 생쥐의 수명이 약 40%까지 늘어나는 것을 확인했다. 심지어 이 약을 먹은 당뇨병 환자는 당뇨병이 없는 일반인보다 평균 15% 정도 더 오래 산 것으로 보고됐다.

이런 연구결과에 힘입어 메트포민이 실제 수명을 연장하는 효과가 있는지, 대규모 임상시험을 통해 확인하겠다는 것이 바로 TAME 프로젝트다. 65~79세 노인 3천 명을 대상으로 메트포민을 복용했을 때 이 약이 심장마비, 암, 치매, 사망률에 어떤 영향을 미치는지를 알아보겠다는 것이다. 만약 임상시험에서 좋은 결과가 나온다면 미국 FDA가 승인하는 최초의 노화억제 약이 될 전망이다.

여기에 한 가지 재미난 점이 있다. 이 프로젝트를 수행하는 데에는 대략 2년 정도가 걸리며 비용은 7천만 달러, 우리 돈으로 대략 750억 원 정도가 소요될 전망이다. 그런데 어떤 제약회사도 이 같은 비용을 내면서까지 임상시험에 돈을 투입하려고 하지 않는다. 메트포민이 기껏해야 5달러(약 6,000원) 정도인데, 성공할지, 실패하지도 모르는 프로젝트에 750억 원을 선뜻 내놓기가 꺼려지기 때문이다. 다행히 아인슈타인 의대 그룹은 박애주의 단체로부터 절반 정도의 비용을 지원받았다.

메트포민 다음으로 오래된 당뇨병 약으로 '아카보스acrbose'라는 약이 있다. 이 약 역시 생쥐 실험에서 수명을 연장하는 효과가 확인됐다. 재미난 점은 수컷과 암컷에게 미치는 영향이 서로 달랐다는 점이다. 수컷 생쥐는 평균적으로 22%의 수명이 늘어난 반면, 암컷 생쥐는 그 효과가 5%에 불과했다. 미국 국립보건원은 이 약의 노화억제 효과에 대한 소규모 임상시험을 지원하기도 했다.

메트포민만큼이나 불로장생의 명약으로 관심을 끄는 또 다른 약이 있는데 바로 '라파마이신rapamycin'이라는 약이다. 라파는 라파누이Rapa Nui에서 따온 말로, 이 약의 출신지를 알려주고 있다. 라파누이는 이스터 섬을 뜻하는 원주민 말이다. 라파마이신은 스트렙토마이세스Streptomyces라는 미생물이 만들어 내는 물질을 원료로 만든 약인데, 이 미생물이 모아이 석상으로 유명한 이스터 섬의 흙 속에서 발견됐다.

라파마이신은 원래 항진균제로 개발되려고 했으나 면역억제제로 승인됐다. 그런데 라파마이신의 효능에 노화 억제가 추가됐다. 라파마이신을 20개월 된 생쥐(인간으로 치면 60대에 해당한다)에 투여한 결과, 수명이 약 10%가량 늘어났다. 또 워싱턴대 연구팀은 개를 대상으로 한 실험에서 낮은 용량의 라파마이신을 복용시킨 결과, 그렇지 않은 개들보다 심장 기능이 향상되는 것을 확인했다. 같은 동물실험이지만 개가 생쥐보다 인간과 더 가깝다는 점에서 이 연구는 남다른 의미가 있다.

한편 노화억제제로서 라파마이신의 전망을 어둡게 하는 연구결과도 있다. 면역억제제로 쓰이는 라파마이신의 특성에 따라 면역 기능이 떨어져 감염 위험이 커지는 경우도 있다는 것이다. 이런 이유로

이스터 섬의 모아이 / ⓒwikimedia commons

라파마이신이 노화억제제로 폭넓게 사용되는 데는 한계가 있을 것
이란 의견도 있다.

프렌치 패러독스French Paradox라는 말이 있다. 프랑스 사람들이나
미국 사람들이나 고기를 좋아하고 기름진 음식을 많이 먹기는 마찬
가지인데, 프랑스 사람들은 유독 심장병에 잘 걸리지 않아, 이를 '프
랑스인의 역설'이라고 부른다. 이에 대해 과학자들이 왜 그런지를 연
구한 결과, 기름진 음식을 많이 먹고 흡연도 많이 하는 프랑스인들이
미국인보다 심장병에 덜 걸리는 이유가 '와인'에 있다는 것이다.

와인하면 프랑스를 떠올릴 정도로 프랑스 사람들은 와인을 즐겨
마신다. 그렇다면 와인에는 어떤 특별한 성분이 있어 건강에 이로운

작용을 하는 것일까. 그 주인공이 바로 '레스베라트롤resveratrol'이다. 레스베라트롤은 포도와 크렌베리, 라즈베리 등에 포함되어 있는데, 항암과 항산화 작용을 하는 우리 몸에 이로운 물질로 알려졌다.

이 레스베라트롤은 지난 2006년 전 세계적으로 주목을 이끌었는데, 생쥐 실험에서 생명 연장 효과가 있다는 점이 증명되었기 때문이다. 하지만 너무 섣부른 기대였을까. 2011년의 연구에서 인간의 경우 레스베라트롤의 수명 연장 효과가 없는 것으로 확인됐다. 이후 레스베라트롤은 사람들의 관심에서 서서히 사라졌다. 레스베라트롤이 의미하는 것은 와인은 와인일 뿐, 결국 적당한 음주가 건강을 지킨다는 것이 아니었을까.

'노화를 억제한다', '수명을 연장한다', 이런 말들은 너무 거창해서 그 비결에는 뭔가 대단한 것이 있을 것으로 생각되기 쉽다. 물론 이런 것을 가능하게 해 주는 기적의 명약이 차후 개발될 수도 있다. 하지만 우리가 평소 조금만 실천한다면 굳이 약을 먹지 않더라도 건강하게 오래 살 방법이 가까이 있다. 바로 주위에서 늘 하는 이야기인, '적당한 운동과 균형 잡힌 식사'다. 이것만큼 건강을 지키는 데 특효를 발휘하는 약이 또 있을까?

유전자 꼬리표…후성유전학

"이것은 한 인간에게는 작은 발걸음이지만, 인류 전체에게는 큰 도약입니다." 누구나 한번쯤은 들어봤을 이 말은 1967년 7월 16일, 인류 최초로 달을 밟은 닐 암스트롱Neil Armstrong 아폴로 11호 선장이 남긴 말이다. 우주에 대한 로망을 표현한 수많은 말이 있지만, 이처럼 상징적으로 우주 탐사에 대해 이야기한 사람은 많지 않은 것 같다.

아폴로 11호와 함께 반세기 전 달을 정복한 미국이 달 탐사만큼 높은 관심을 가지고 있던, 그리고 지금도 관심을 가지고 있는 탐사 대상이 바로 태양계의 4번째 행성, 화성Mars이다. 이들은 1950년대부터 이미 화성에 인간을 보내겠다는 원대한 계획을 세우기 시작했다.

그런데 지구에서 화성까지는 현재 기술로도 편도 여행에 대략 10개월 정도가 걸린다. 그만큼 인간의 화성 탐사는 달에 사람을 보내는 것과는 차원이 다른 문제이다. 기술적인 문제뿐만 아니라 여러 과학적 사실이 규명돼야 하는데, 그중 하나가 10개월이라는 오랜 기간을 화성 탐사선에서 생활해야 하는 우주인의 건강 문제다.

축구장만한 크기로 지구 상공 400km에 떠 있는 국제우주정거장은 미래 우주 탐사의 전진 기지 역할을 하고 있다. 이곳은 특히 우주 공간에서 우주인의 신체에 어떤 생물학적 변화가 일어나는지 등을 연구하는 곳으로 활용되고 있다. 우주정거장은 지구와 달리 중력이 거의 없는 무중력 공간인데, 이런 특수한 환경에서의 실험을 통해 우주인이 우주 탐사에서 겪게 되는 질환의 발병 위험이나 신체 변화 등을 알아보는 것이다.

NASA는 우주 공간에서의 생체 변화를 알아보기 위해 2015년 흥미로운 연구를 진행했다. 일란성 쌍둥이이자 NASA 우주 비행사인 마크 켈리Mark Kelly와 스콧 켈리Scott Kelly를 대상으로 각각 지구와 국제우주정거장에서 1년을 보내게 한 뒤, 신체에 어떤 변화가 일어났는지를 알아본 것이다. 스콧 켈리는 2016년 3월, 340일 만에 지구로 귀환했다.

쌍둥이의 몸에서 일어난 여러 변화 가운데 과학자들이 제일 먼저 확인한 것은 이들의 유전자에 어떤 변화가 일어났는가 하는 것이었다. 결론부터 말하면 쌍둥이의 유전자 자체에는 아무런 변화가 일어나지 않았다. 하지만 우주에서 1년 가까이 생활을 한 스콧과 지구에 남아있던 마크는 유전자 발현에서 차이가 있었다. 정리하자면 쌍둥

마크 켈리(왼쪽)와 스콧 켈리(오른쪽) / ⓒNASA

이의 유전자는 같지만, 유전자 발현의 강도가 달라졌다는 것이다.

DNA에서 RNA가 만들어지는 것, 그리고 RNA에서 단백질이 만들어지는 것, 이 두 가지 단계를 통상 유전자 발현이라고 일컫는다. 쌍둥이 우주실험의 경우에는 DNA에서 RNA가 만들어지는 정도가 달랐다는 것을 의미한다. 이는 바꿔 말하면 어떤 RNA는 우주공간에서 더 많이 만들어지고 어떤 RNA는 우주에서 더 적게 만들어졌다는 뜻이다. 이는 결과적으로 그에 해당하는 단백질이 많거나 적게 만들어졌다는 것을 의미한다.

보통 단백질이 많이 만들어지거나 안 만들어지는 것은 DNA에 돌연변이가 생겨서인 것으로 생각하곤 한다. DNA가 정상적일 때는 이 DNA가 암호화하는 단백질이 정상적으로 만들어지는 것이고, 이 DNA에 돌연변이가 생기면 그 단백질이 아예 안 만들어지거나 과도하거나 적게 만들어지는 등 비정상적인 단백질이 만들어지기 때문이다. 그런데 흥미롭게도 DNA에 돌연변이가 생기지 않더라도, 유전자 발현이 조절될 수 있다는 점이 밝혀진 것이다.

이처럼 유전자 돌연변이 없이 유전자 발현을 설명하는 것이 후성 유전학, 이른바 유전자 꼬리표이다. 메틸기가 이런 유전자 꼬리표의 역할을 한다는 점도 앞서 설명했다. 여기서 주목할 것은 이렇게 유전자 꼬리표가 붙고 떨어지는 것이 그 생명체가 처한 환경과 밀접한 연관이 있다는 점이다. 다시 말해 우주 공간과 같은 특수한 환경에서 무엇을 먹고, 또 운동을 어느 정도로 하는지 등이 생명체에 영향을 끼쳐 유전자 꼬리표를 조절한다는 것이다. 재미있게도 한 번 붙은 유전자 꼬리표는 다음 세대에도 그대로 전달되었다. 이를 기존 유전과 구분해 후성유전epigenetic이라고 부르고 이를 연구하는 학문을 후성 유전학epigenetics이라 한다.

흥미로운 점은 유전자 꼬리표가 비만에만 국한되지 않는다는 것이다. 트라우마trauma도 비만처럼 유전될 수 있다. 이를 연구한 연구진은 수컷 쥐에게 특정 냄새를 맡게 하는 동시에 전기 자극을 주어서 냄새만 맡아도 공포감을 느끼도록 했다. '파블로프의 개'처럼 특정 신호에 반응하도록 한 것이다. 그리고 이 쥐가 낳은 새끼 쥐에게 전기 자극 없이 특정 냄새를 맡게 했다.

과연 어떤 일이 벌어졌을까? 신기하게도 새끼 쥐 역시 같은 냄새에 공포를 느낀다는 것이 밝혀졌다. 아빠 쥐가 느낀 냄새에 대한 공포의 기억이 유전자 꼬리표의 형식으로 새끼 쥐에게 전달된 것이다.

유전자 꼬리표의 예는 사실 자연계에 무수히 많다. 한 가지를 예로 들면 여왕벌과 일벌을 들 수 있다. 벌의 세계에서 모든 암컷의 유전자는 똑같다. 그런데 유독 로열젤리를 먹고 자란 암컷 유충은 나중에 여왕벌이 되고, 그냥 꿀만 먹고 자란 유충은 일벌이 된다. 쌍둥이의 경우도 마찬가지다. 쌍둥이는 유전자가 100% 같지만, 쌍둥이마다 병이 발생하는 정도나 건강 상태 등에서 조금씩 차이가 난다. 이런 차이를 설명하는 하나의 요인이 바로 유전자 꼬리표이다.

유전자 돌연변이는 DNA 염기서열 가운데 일부 염기가 바뀌는 것이기 때문에 꼬리표를 붙이는 것보다 상대적으로 더 복잡한 과정을 거친다. 시간도 더 오래 걸린다. 그래서 이런 돌연변이는 오랜 세월을 거쳐 일어난다. 반면 유전자 꼬리표는 돌연변이보다 짧은 시간에 발현이 가능하다. 그렇다면 생명체의 입장에서는 이렇게 생각해 볼 수 있다. 내가 처한 환경에 최대한 적응하여 살아남기 위해서는 무언가 변화가 일어나야 하는데 돌연변이를 일으키기에 시간이 다소 부족하다면 차선책으로 유전자 꼬리표를 활용하는 것이다.

유전자 꼬리표는 최근 다양한 생명 현상을 설명하는 데에 쓰인다. 인간의 모든 세포는 같은 유전자를 가지고 있다. 그런데 어떤 세포는 심장근육세포가 되고 어떤 세포는 뇌세포가 되는 등 각각의 운명이다 다르다. 이 같은 차이를 불러오는 요인 가운데 하나로 주목받는 것이 바로 유전자 꼬리표다.

이 때문에 후성유전적 변화는 그 자체로도 흥미로운 현상이지만, 질병 연구에서도 중요한 주제이다. 암은 유전자 돌연변이가 원인인 경우가 많다. 그런데 최근 연구를 통해 대다수의 암에서 유전자 꼬리표도 주요 원인 중 하나로 보고됐다. 그래서 많은 과학자들이 특정 암, 예를 들면 대장암, 위암 등에서 어떤 후성유전적 변화가 일어나는지를 찾아내고자 노력하고 있다. 만약 이들 질병의 발병에 어떤 유전자 꼬리표가 주요하게 작용했는지를 밝혀낸다면, 이 유전자 꼬리표를 떼어놓거나 반대로 붙이는 방식의 새로운 항암제 개발이 가능할 것이다.

V
감염병

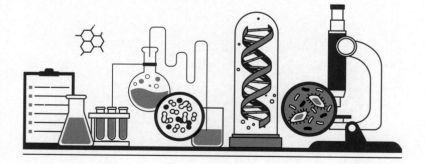

바이러스는 다른 세포에 기생하지 않고는 스스로 생존할 수 없다는 점에서 다른 생명체와 근본적인 차이가 있다. 이런 바이러스의 특성 때문에 바이러스를 생물과 무생물의 경계에 있다고 보는 시각도 있다.

이런 바이러스가 기생할 대상이 되는 세포를 숙주세포라고 부른다. 숙주세포는 인간의 세포가 될 수도 있고, 동물세포나 식물세포, 심지어 세균이 될 수도 있다. 이들 바이러스 가운데 인류가 특별히 관심을 두고 있는 바이러스는 인체에 감염하는 바이러스이다.

바이러스는 인간의 세포보다 훨씬 작지만, 사람이 이 바이러스에 감염되면 속수무책으로 당할 수밖에 없기에 무시무시한 존재다. 그동안 수많은 바이러스가 인류의 생존을 위협해 왔는데, 이번 장에서는 이 가운데에서도 특별히 에이즈 바이러스와 독감 바이러스, 그리고 말라리아 바이러스에 대해 자세히 알아보고자 한다.

<보헤미안 랩소디>의 주인공 프레디 머큐리Freddie Mercury는 1991년 에이즈로 사망했다. 만약 머큐리가 4년만 더 살았다면 우리는 지금도 머큐리의 멋진 목소리를 들을 수 있을지도 모른다. 4년 뒤 획기적인 에이즈 치료약이 개발되었기 때문이다.

모기는 손바닥으로 툭 쳐서 금방 죽일 수 있는 존재이기도 하지만, 반대로 모기에 물려 죽는 경우가 발생하기도 한다. 해마다 대략 45만여 명의 사람이 모기로 인해 사망한다. 모기가 전파하는 대표적인 감염병인 말라리아를 박멸하기 위한 기상천외한 방법들에는 어떤 것들이 있을까?

독감 바이러스는 치료제가 개발되어 있지만, 매년 새로운 조합의 독감 바이러스가 유행하면서 인류를 지속적으로 괴롭히는 대표적인 바이러스 질환으로 자리하고 있다. 신종플루는 어떻게, 왜 생기는지 알아보고, 이에 어떻게 대항할 수 있을지에 대해서도 살펴보도록 하자.

11. 에이즈

에이즈 바이러스…중심 원리를 깨다

1950~60년대를 휩쓴 꽃미남 배우는 바로 록 허드슨Rock Hudson
이다. 할리우드 역대 최고의 미남으로 꼽히는 허드슨은 1956년 제임
스 딘James Dean, 엘리자베스 테일러Elizabeth Taylor와 함께 출연한 영
화 〈자이언트Giant〉를 통해 세계적인 스타로 발돋움했다.

허드슨은 1985년 60세의 나이로 사망했는데, 사망 원인은 '에이
즈AIDS'였다. 허드슨은 당시 21세기 흑사병이라고 불린 에이즈로 사
망한 최초의 유명 스타였다. 그가 에이즈로 사망했다는 소식은 에이
즈를 대중에게 각인시키는 계기가 되었고, 영화 〈자이언트〉에서부터
인연을 맺어 온 오랜 친구였던 엘리자베스 테일러는 그의 사망 이후
에이즈 퇴치를 위한 기금 마련에 적극적으로 나서기도 했다.

에이즈 바이러스Human Immunodeficiency Virus, HIV에 의해 감염되는 에이즈는 후천성 면역결핍 증후군Acquired Immune Deficiency Syndrome 의 줄임말이다. 에이즈 바이러스는 그 특성 때문에 바이러스 중에서 도 독보적인 위치를 차지하고 있는데, 다른 바이러스와 구별되는 가 장 큰 특징은 에이즈 바이러스가 인체 면역계를 건드린다는 점이다.

우리 몸의 면역계는 바이러스나 세균과 같은 외부의 적이 우리 몸 에 침입하면 이를 공격해 궤멸시키는 역할을 한다. 그런데 에이즈 바 이러스는 바로 이 면역세포를 공격해 면역세포가 면역 기능을 하지 못하도록 만든다. 구체적으로 에이즈 바이러스는 면역세포 중 T-세 포에 침입해 면역체계를 교란한다. 그래서 1980년대에는 에이즈에 걸리면 감기와 같은 가벼운 병에 걸리기만 해도 몸의 면역계가 이를 견뎌내지 못해 사망에 이르렀다. 다행히 현재는 에이즈를 당뇨병처 럼 관리할 수 있을 만큼의 좋은 치료제가 개발되었다.

에이즈 바이러스의 또 다른 특별한 특징은 바로 '레트로retro 바이 러스'라는 점이다. 사람은 유전물질로 DNA를 가진다. DNA에서 출 발해 RNA가 만들어지고 RNA를 기반으로 단백질이 만들어진다. DNA, RNA, 단백질의 순서로 유전정보의 흐름이 진행되는 것이다. 이것이 여러 번 등장했던 생명과학의 '중심 원리'다. 그런데 이 중심 원리를 깨는 생명 현상이 에이즈 바이러스에서 발견되었다.

에이즈 바이러스는 유전물질로 RNA를 가진다. 인간은 유전물질 로 DNA를 가지지만, 바이러스 가운데에는 에이즈처럼 유전물질로

RNA를 가지는 바이러스도 있다. 이런 바이러스를 특별히 'RNA 바이러스'라고 부르는데, 인류에게 큰 위협이 되는 바이러스가 대개 이런 RNA 바이러스이다. 지카 바이러스, 독감 바이러스, 메르스 바이러스, 코로나 바이러스, 에이즈 바이러스 등이 모두 RNA 바이러스다.

그런데 RNA 바이러스 중에서도 특별히 레트로 바이러스라고 불리는 바이러스는 RNA에서 시작해 DNA를 만든다. 그런 다음 이 DNA에서 다시 RNA가 만들어지고, 이 RNA로부터 단백질이 만들어진다. RNA에서 DNA가 만들어진다는 것만 빼면, 결국 DNA에서 RNA를 거쳐 단백질이 만들어진다는 원리는 인간 유전정보의 흐름과 같다.

그러나 먼저 RNA에서 DNA가 만들어진다는 점이 중요한 의미를 지닌다. 유전 현상의 흐름을 설명하는 중심 원리에 반하는 현상이기 때문이다. 중심 원리에 의하면 유전정보의 흐름은 반드시 DNA에서 출발해 RNA로 이어져야 한다. 그런데 레트로 바이러스는 RNA에서 출발해 DNA로 간다. RNA에서 거꾸로 DNA가 만들어진다는 의미에서 레트로(거꾸로) 바이러스로 불리는 것이다.

이 과정을 '역전사reverse transcription'라고 부른다. DNA에서 RNA가 만들어지는 과정을 '전사transcription'라고 부르는데, 이와는 반대이기 때문에 역전사라고 부르는 것이다. 이런 역전사를 수행하는 단백질을 역전사 효소라고 말하는데, 그렇기 때문에 역전사 효소는 에이즈 치료의 중요한 열쇠 가운데 하나다.

에이즈 바이러스가 역전사한다는 점도 흥미롭지만, 이보다 더 중요한 것은 역전사 과정을 거쳐 만들어진 에이즈 바이러스 DNA가 인간의 세포 핵 속에 있는 인간 DNA와 영구적으로 결합한다는 점이다. 에이즈 바이러스 DNA가 인간 DNA에 영구적으로 결합하는 데 중요한 역할을 하는 단백질이 바로 '결합 효소integrase'다. 이 단백질 역시 에이즈 치료의 중요한 표적 가운데 하나다.

이렇게 에이즈 바이러스 DNA가 인간 DNA에 결합하는 것은 에이즈 치료를 극히 힘들게 만드는 주요 요인이다. 인간 DNA에 결합한 에이즈 바이러스만 골라 제거하는 것이 사실상 쉬운 일이 아니기 때문이다. 같은 RNA 바이러스 중 하나인 독감 바이러스 경우엔 인간 세포에 침입해도 인간 DNA와 결합하지 않는다. 결합 자체가 원천적으로 불가능하다. 독감 바이러스는 에이즈 바이러스처럼 역전사 과정을 거치지 않기 때문에 DNA가 만들어지지 않고, 결과적으로 인간 DNA와 결합할 수 없기 때문이다.

그런데 여기에 더해 에이즈 바이러스가 '불멸의 바이러스'로 불리는 근본적인 요인이 하나 더 있다. 에이즈 바이러스는 특이하게도 에이즈 바이러스 저장고reservoir라는 것을 가진다. 에이즈 바이러스 저장고는 에이즈가 감염된 인체 세포 가운데, 에이즈 바이러스가 실제로는 작동하지 않는 세포를 말한다.

에이즈 바이러스가 작동하지 않는다는 점은 세포 안에서 더는 바이러스를 복제하지 않는다는 뜻이다. 이런 바이러스를 '잠복latent 에이즈 바이러스'라고 부른다. 에이즈 바이러스는 이런 상태로 수십 년을 보낼 수 있다. 이 잠복 에이즈 바이러스가 평생 조용히 지낸다면 아무런 문제가 되지 않을 텐데, 때때로 활성화되기도 한다.

특히 잠복 에이즈 바이러스는 에이즈 감염 환자가 에이즈약 복용을 중간에 멈추면 활성화된다. 이런 이유 등으로 에이즈 감염자는 매일 처방전에 따른 에이즈 약을 먹어야 한다. 설사 체내의 에이즈 바이러스 수치가 낮게 나오더라도, 복용을 중단하면 이내 잠복 바이러스가 활성화되어 우리 몸에 심각한 문제를 일으키게 된다. 여기에 더해 잠복 에이즈 바이러스는 현재의 에이즈 약으로 치료할 수 없다는 한계도 가지고 있다. 에이즈가 완치가 극히 어려운 질병 가운데 하나로 분류되는 이유다.

세 가지 약물을 한 번에 '칵테일 치료'

1996년 미국 위스콘신 주에 거주하는 여성 베스 바이Beth Bye는 죽을 뻔하다 살아났다. 그녀는 에이즈 바이러스에 감염된 상태였고, 의사는 그녀에게 살날이 얼마 남지 않았다고 선고한 상태였다. 그녀는 장례 절차를 준비했고, 여생을 호스피스에서 보내는 것을 고려했다.

그런데 그녀에게 새로운 기회가 찾아왔다. 1995년 '단백질 절단 효소 저해제protease inhibitor'로 불리는 에이즈 신약이 승인됐기 때문이다. 이 약은 보통 2개의 다른 에이즈약과 함께 처방된다. 2개의 다른 에이즈약은 '역전사 효소 저해제reverse transcriptase inhibiotor'라고 불리는 방식의 약들이다.

이렇게 3가지 에이즈 약을 함께 사용하는 것을 일명 '칵테일 치료 cocktail therapy'라고 부른다. 칵테일 치료 덕분에 사망 선고와 같았던 에이즈는 당뇨병처럼 관리가 가능한 질병이 됐다. 3가지 에이즈 약을 한꺼번에 먹는 칵테일 치료는 2개월 만에 베스의 몸속에서 에이즈 바이러스의 수치가 검출되지 않게 할 정도로 그 수치를 획기적으로 낮췄다. 그녀의 면역세포는 정상적으로 작동하기 시작했고, 현재 베스는 정상적인 삶을 영위하고 있다.

칵테일 치료가 개발되면서 인류는 에이즈 바이러스를 완치 수준은 아니지만, 우리 몸에 해를 끼치지 않을 정도의 수준으로는 다룰 수 있게 되었다. 그렇다면 칵테일 치료에 활용되는 역전사 효소 저해제와 단백질 절단 효소 저해제는 어떤 방식으로 작용하는 것일까?

먼저 역전사 효소 저해제는 에이즈 바이러스의 RNA가 DNA로 전환되는 것을 막는 역할을 한다. 역전사 효소 저해제에는 AZT, ddi, ddC, d4T, 3TC 등이 있는데, 이 중 AZT는 1986년 미국에서 승인된 최초의 에이즈 치료제이다.

단백질 절단 효소 저해제는 에이즈 바이러스가 복제되는 데 필요한 특정 단백질이 작동하지 못하도록 작용하는 약을 일컫는다. 미국 FDA는 1995년 처음으로 단백질 절단 효소 저해제를 승인했으며, 이후 일련의 단백질 전달 효소 저해제들도 차례로 승인됐다.

칵테일 치료의 묘미는 각각의 약물이 서로 다른 에이즈 바이러스의 복제 단계를 공격한다는 점이다. 역전사 효소 저해제는 에이즈 바이러스 복제의 초기 단계를 공략하고, 단백질 절단 효소 저해제는 바이러스 복제의 마지막 단계를 공격한다. 이 때문에 에이즈 바이러스가 하나의 약물로부터 공격을 피해도, 또 다른 약물에 가로막혀 증식을 못 하게 된다.

칵테일 치료 덕분에 수많은 환자가 에이즈 감염으로부터 목숨을 구하고 있지만, 이 역시 몇 가지 문제를 안고 있다. 우선 칵테일 치료는 에이즈 바이러스의 증식을 억제하는 것이지 병 자체를 치료하는 것은 아니라는 점이다. 둘째는 칵테일 치료 비용인데, 치료비만 연간 수천만 원에 달할 정도로 그 비용이 비싸다. 이는 곧 경제적 여건이 허락하지 않는 사람은 에이즈 약의 효과를 볼 수 없다는 뜻이다. 경제적으로 열악한 아프리카 지역에서 에이즈 사망자가 많은 이유다.

또 칵테일 치료는 매우 정확하게 정해진 일정에 따라 약을 먹어야 한다는 단점이 있다. 만약 약을 제때 먹지 못하면, 순식간에 에이즈 바이러스 수치가 늘어난다. 잠복 에이즈 바이러스 때문이다. 이런 이유 등으로 에이즈를 근본적으로 치료할 새로운 치료 방법이 지속적으로 요구되고 있다.

칵테일 요법을 넘어⋯쇼크 앤 킬 전략

에이즈 바이러스 치료가 어려운 이유 중 하나가 잠복 에이즈 바이러스 때문이라면, 이 잠복 바이러스를 공격하는 방법은 없는 것일까? 칵테일 치료 등 현재 시판 중인 에이즈 약은 에이즈 바이러스의 증식을 억제하는 방식이다. 그러나 앞서 설명했다시피, 잠복 에이즈 바이러스는 아무런 활동도 하지 않는다. 증식 활동도 하지 않는다는 것이다. 바이러스가 증식하지 않기 때문에 현재의 에이즈 약으로는 잠복 에이즈 바이러스를 공략할 수 없다.

그럼 이렇게 생각해 보는 것은 어떨까? 바로 잠자고 있는 사자를 깨우는 원리를 이용하는 것이다. 잠복 바이러스에 충격을 가해, 인위적으로 이들을 잠에서 깨우는 것이다. 일단 바이러스들이 잠에서 깨어나 활동에 들어가면, 새로운 약으로 이들을 제거하는 전략이다. 이런 방식의 에이즈 치료를 쇼크 앤 킬shock and kill 전략이라고 부른다.

UCLA, 스탠퍼드 대학, 그리고 NIHNational Institute of Health 연구팀은 2017년 쇼크 앤 킬 전략을 적용한 새로운 물질을 개발했다. 에이즈에 감염한 생쥐를 대상으로 한 실험에서, 이 물질은 잠자고 있는 잠복 에이즈 바이러스를 깨우고, 24시간 이내에 잠복 바이러스가 감염된 세포의 1/4을 죽이는 것으로 나타났다. 이는 현재 사용되는 에이즈 약이 에이즈 바이러스의 증식을 차단하는 동안, 새로운 약이 잠복 바이러스를 제거할 수 있다는 점을 시사한다.

2018년 하버드대 연구팀 역시 잠복 에이즈 바이러스를 공략하는 쇼크 앤 킬 전략을 개발해 과학저널 『네이처』에 발표했다. 쇼크 앤 킬 전략의 핵심은 잠자고 있는 잠복 바이러스를 면역세포에 노출한 뒤, 이 바이러스를 가진 세포 자체를 아예 없애버리는 것이다. 원숭이 실험을 통해 연구팀은 긍정적인 결과를 얻었다.

쇼크 앤 킬 전략 이외에도 다양한 방법들이 에이즈 치료에 응용되고 있는데 그중 하나는 유전자 가위 기술이다. 에이즈는 에이즈 바이러스가 인체 세포에 침입하면서부터 발병하기 시작한다. 에이즈 바이러스를 비롯한 모든 바이러스는 바이러스 자신이 목표로 하는 세포(숙주세포)에 침입하기 위해 일종의 세포 관문을 통과해야 한다. 우리가 집에 들어가려면 열쇠로 문을 열고 들어가야 하듯이, 바이러스도 세포의 관문을 열어야 세포 안으로 들어올 수 있다.

유전자 가위를 활용한 에이즈 치료 원리는 에이즈 바이러스가 이 관문을 통과하지 못하도록 하는 것이다. 에이즈 바이러스의 숙주세포인 면역세포에서 에이즈 바이러스 관문 역할을 하는 유전자를 아예 없애 버리는 것이다. 이렇게 되면 에이즈 바이러스가 면역세포 안으로 들어가고 싶어도 들어갈 수 있는 문이 없어 침입하지 못한다. 그리고 숙주세포 안으로 들어가지 못한 에이즈 바이러스는 결국 증식하지 못하고 죽는다. 미국 연구진은 이 유전자 가위를 활용한 방식의 인체 임상시험을 진행하고 있다.

그런가 하면 CAR-T를 에이즈 치료에 적용하는 연구도 진행되고 있다. UCLA 연구팀은 에이즈 바이러스를 공격하는 특별한 CAR-T를 만들었다. 이 CAR-T는 T-세포 자체를 변형하는 대신 T-세포를 만드는 조혈 줄기세포에 CAR를 도입했다.

연구팀은 2개의 CAR를 제작했다. 하나는 CD4라고 불리는 키메라 항원으로, 이 CD4는 에이즈 바이러스와 결합하는 특성이 있다.

나머지 하나는 C46이라고 불리는 항원으로 에이즈 바이러스의 T-세포 감염을 방해한다. 정리하면 CD4와 C46을 CAR로 도입한 조혈 줄기세포는 에이즈 바이러스와는 결합하지만, 에이즈 바이러스가 조혈 줄기세포에 침입하지는 못하게 한다. 이러한 특성을 띤 조혈 줄기세포가 T-세포로 분화하면 분화한 T-세포는 이런 특성을 고스란히 물려받게 된다. 에이즈 바이러스와 결합하여 에이즈 바이러스를 파괴하지만, 자기 자신은 에이즈 바이러스에 감염되지 않는 T-세포가 탄생하는 것이다.

앞서 에이즈 바이러스는 불멸의 바이러스라고 언급한 바 있다. 하지만 에이즈 바이러스를 파괴할 만한 새로운 방법들이 계속해서 개발되면서, 인류는 불사조 에이즈 바이러스 정복에 한 발짝 더 다가서고 있다.

12. 말라리아

세상에서 가장 무서운 동물…말라리아 모기

1995년부터 2017년까지 미국 경제전문지 『포브스Forbes』 선정 '세계 최고 부자' 타이틀을 거머쥔 이는 바로 빌 게이츠 전 마이크로소프트 CEO였다. 하지만 그는 단순히 돈만 많은 부자가 아니다. 그는 기부왕이기도 하다. 게이츠는 지난 20년간 하루에 약 50억 원 정도를 기부한 것으로 알려졌다. 그의 기부는 대부분 질병 퇴치를 위한 연구에 쓰였는데, 특히 말라리아에 관심이 많았다.

말라리아 정복을 위한 게이츠의 통 큰 행보는 늘 세간의 주목을 받아왔는데, 그는 2017년 말라리아 모기 퇴치에 46억 달러, 우리 돈으로 총 5조 5천억 원을 쾌척했다. 5조 5천억 원이라니, 일반인으로서는 상상조차 할 수 없는 금액이다. 게이츠가 이처럼 말라리아 모기 퇴치에 관심이 많은 이유는 말라리아 감염으로 인해 해마다 43만여 명이 목숨을 잃고 있기 때문이다.

말라리아 모기는 단일 동물로는 인간을 가장 많이 죽이는 동물로 꼽힌다. 말라리아는 말라리아 원충을 가진 모기에 물리면 감염된다. 말라리아를 전파하는 매개가 되는 모기는 '아노펠레스 감비아 Anopheles gambiae'라는 모기이다. 이 모기는 말라리아를 급속도로 전파하는 특성이 있다.

말라리아 모기가 말라리아를 잘 확산시키는 이유 가운데 하나는 냄새와 밀접한 관련이 있다. 보통 모기들은 근시라 앞이 잘 보이질 않는다. 그래서 냄새를 맡고 사람을 찾아가 물곤 한다. 냄새를 맡는다는 것은 냄새 분자가 콧속 후각 수용체와 결합해 이를 뇌가 인지하는 과정이다. 사람의 땀이나 피부에는 모기가 좋아하는 냄새를 풍기는 화학물질이 다량 포함돼 있다. 이 냄새를 맡고 말라리아 모기가 사람을 무는 것이다.

말라리아 모기에 물린 말라리아 환자는 대부분 고열에 시달리는데, 우리 몸에서 열이 나면 대사 작용이 활발하게 일어난다. 이 대사 작용의 부산물로 알데하이드aldehyde 계열의 화학물질들이 평소보다 많이 생성된다. 이런 화학물질은 땀을 통해 피부 밖으로 배출되는데, 이게 모기를 유인하는 일종의 인간 향수 역할을 한다. 그래서 말라리아에 감염된 사람에게는 더 모기가 꼬이게 되고, 이 모기가 또 사람들을 물면서 말라리아 감염자가 기하급수적으로 늘어나는 것이다.

말라리아 모기가 냄새에 유인된다는 점에 착안해 과학자들은 이 냄새로 모기를 유인하는 연구도 하고 있다. 즉 모기가 좋아하는 냄새 분자의 정체를 밝히고, 이를 바탕으로 모기를 유인하는 일종의 냄새 덫trap을 개발한다는 것이다.

모기로 모기를 잡는다!

'마추픽추Machu Picchu'로 유명한 남아메리카의 페루. 페루의 안데스 산맥에는 '신코나 나무cinchona tree'라는 식물이 많이 존재하는데, 이 식물의 나무껍질에는 퀴닌quinine이라는 물질이 포함돼 있다. 페루 원주민들은 예로부터 신코나 추출물을 열을 다스리는 데 사용했다. 이후 퀴닌의 말라리아 치료 효과가 발견됐고, 퀴닌은 1920년대까지 말라리아 약품으로 사용됐다.

이후 클로로퀸chloroquine이 퀴닌을 대체했다. 하지만 퀴닌이나 클로로퀸 모두 말라리아 치료에 획기적인 진전을 보인 것은 아니었다. 1960년대에 말라리아 치료제 개발은 실패했고, 질병은 창궐하기 시작했는데 이 무렵 중국에서 주목할 만한 연구가 시작됐다. 중국에는 '개똥쑥Artemisia annua'이라고 불리는 풀이 흔했는데, 이 개똥쑥의 추출물이 말라리아에 특효가 있는 것으로 나타났다.

이 추출물은 이후 아르테미시닌Artemisinin으로 불렸다. 아르테미시닌은 다른 말라리아 약과 혼합 처방했을 때 말라리아로 인한 사망률을 20% 이상 낮추는 것으로 보고됐다. 이를 말라리아가 창궐하는 아프리카 지역에 적용해 보면 해마다 대략 10만 명의 목숨을 살리는 것이 된다. 아르테미시닌을 발견한 중국인 과학자 투유유Tuyouyou 교수는 2015년 노벨 생리의학상을 받았다. 중국 국적의 과학자가 노벨 과학상을 받은 것은 투유유 교수가 처음이었다.

이처럼 약을 이용한 방법 이외에도 말라리아 퇴치를 위한 몇 가지 흥미로운 방법들이 시도되고 있다. 한 가지는 모기를 이용해 모기를 박멸하는 방법이고 또 다른 방법은 여기에 유전자 가위 기술을 추가해 더 정교하게 말라리아 모기를 죽이는 방법이다. 우선 모기를 이용해 모기를 죽이는 방법부터 살펴보자. 이 방법은 말라리아 전파의 주범인 모기를 이용해 말라리아 모기를 박멸하는 것으로, 일종의 모기를 이용한 '이이제이(以夷制夷)'라고 볼 수 있다.

이 방법을 설명하기에 앞서, 질병을 전파하는 모기에 대해 우선 알아보자. 세상에서 가장 무서운 동물은 암컷 모기다. 사람을 무는 암컷 모기에 의해 말라리아 사망자를 포함해 해마다 약 100만 명이 사망한다. 이처럼 질병을 옮기는 모기에는 말라리아를 전파하는 아노펠레스 감비아 외에도 지카 바이러스를 전파하는 이집트숲모기 등 뎅기열, 황열, 치킨구니아열을 전파하는 수많은 종류가 있다.

영국의 바이오 기업 옥시텍Oxitec은 이집트숲모기의 개체 수를 줄일 수 있는 유전자 변형 이집트숲모기를 개발했다. 이 유전자 변형 모기의 핵심은 자살 유전자이다. 간단하게 설명하면 원리는 이렇다. 먼저 수컷 모기에게 자살 유전자를 도입한다. 그런 뒤 이 유전자 변형 수컷 모기를 야생에 방출해 암컷 모기와 교미시킨다. 그러면 자손 모기는 자살 유전자를 갖게 되는데, 특히 암컷 모기의 경우엔 이 자살 유전자가 성충으로 자라는 데 필요한 다른 유전자의 발현을 억제한다. 결국, 암컷 유충 모기는 생존에 필요한 유전자들이 작동하지 못하고 성충이 되기 전에 죽는다. 살아남은 수컷 모기는 또 암컷 모기를 찾아 자살 유전자를 후대에 뿌린다. 이 수컷 모기는 살아있더라도 인간을 물지 않기 때문에 해가 되지 않는다. 또 이론적으로 암컷 모기의 수가 급감하기 때문에 결국 모기는 멸종하게 된다.

과학자들은 자살 유전자에 더해 모기에 형광 단백질 유전자를 추가로 주입했다. 형광 단백질은 특정 파장의 빛을 비추면 모기의 몸 전체에서 발광한다. 그러니깐 유전자 변형 모기를 야생에 풀었을 때 어떤 모기가 유전자 변형 모기이고 자연 상태의 모기인지 쉽게 구별할 수 있도록 만든 셈이다. 이 유전자 변형 모기는 2017년 브라질, 2021년 미국 플로리다에서 실제 현장에 투입돼 주목할 만한 성과를 냈다.

옥시텍은 2018년 6월 빌 앤 멜린다 게이츠 재단과 함께 말라리아 모기 박멸을 위한 유전자 변형 말라리아 모기를 개발하기로 했다. 이 모기에 적용되는 기술은 앞서 이집트숲모기에 사용된 기술과 같다. 모기를 이용해 모기를 잡는 시도가 이집트숲모기에 이어 말라리아 모기로 확대된 셈이다.

다른 과학자들은 전염병을 전파하는 모기를 퇴치하는 것과 관련해 좀 더 강력한 방법을 고안했다. 모기의 불임 유전자와 유전자 가위를 함께 이용하는 방법이다. 방법은 이렇다. 우선 불임 유전자와 유전자 가위를 동시에 가진 유전자 변형 모기를 만든다. 이후 이 유전자 변형 모기를 야생 모기와 교미시킨다. 그러면 자손 모기는 유전자 변형 모기로부터 물려받은 불임 유전자와 유전자 가위 유전자, 그리고 야생 모기로부터 물려받은 가임 유전자를 모두 가진다. 이론적으로는 이중 가임 유전자가 작동하게 되면 정상적으로 번식해 모기 개체가 줄어들지 않아야 한다.

그런데 바로 여기에 유전자 기술의 절묘함이 숨어 있다. 유전자 가위가 정상적인 가임 유전자를 잘라내 버리고 그 자리에 불임 유전자를 채워 넣는 것이다. 결과적으로 이 모기는 수컷, 암컷 모두로부터 불임 유전자를 물려받은 것이 돼 자식을 낳고 싶어도 낳을 수 없는 100% 불임 모기가 된다. 이 방법을 특정 형질을 빠르게 후대에 전파한다는 점에서 이를 '유전자 드라이브gene drive' 기술이라고 부른다.

2018년 9월 영국 임페리얼 칼리지 런던 연구팀은 유전자 드라이브 기술을 이용해 실험실 모기장에 갇힌 말라리아 모기를 박멸하는 데 성공했다. 이들은 'doublesex'라는 모기의 성을 결정하는 유전자를 표적으로 삼았다. 즉 유전자 드라이브 기술을 이용해서 암컷을 결정하는 doublesex 유전자를 변형한 것이다.

수컷의 경우엔 이 변형 유전자를 가져도 변화가 없지만, 암컷의 경우엔 다르다. 유전자 드라이브 기술을 통해 2개의 변형된 성 유전자를 가진 암컷은 암컷과 수컷의 특징을 모두 보였다. 이로 인해 암컷 모기는 알을 낳지 못하게 됐다. 연구를 주도한 안드레아 크리산티 Andrea Crisanti UCL 교수는 실제 야생에 유전자 드라이브 기술이 적용되기까지는 적어도 5~10년 정도가 필요하지만, 이번 연구결과는 기술이 말라리아 퇴치를 향해 옳은 길을 가고 있다는 것을 보여준다고 시사했다.

유전자 드라이브 한계…백신 개발 가능성은?

유전자 드라이브는 멘델의 유전법칙 Mendel's Law을 무시하고, 특정 유전자를 100% 후손에게 전달하게 한다. 이처럼 유전자 드라이브는 특정 유전자를 특정 개체 전체에 가장 효율적으로 전파하는 수단이다. 바꿔 말하면 우리가 원하는 특정 종을 아예 없애버릴 수도 있다는 뜻이다. 유전자 드라이브 기술을 이용해 말라리아나 지카 바이러스, 뎅기열 등 각종 감염병을 전파하는 모기를 박멸하거나, 병을 일으키는 생쥐나 토끼 등 특정 동물의 종을 없애는 것이 가능해진다.

한편으로는 유전자 드라이브가 종을 멸종하는 데 오용될 수 있다는 말이다. 이것에 더해 유전자 드라이브 기술은 몇 가지 논란거리를 더 안고 있다. 첫째는 유전자 드라이브가 일어나는 중간 단계에서 예기치 못한 돌연변이가 발생할 수 있다는 점이다. 또 다른 문제점도 있는데, 예를 들어 모기를 대상으로만 유전자 드라이브가 작동해야 하는데 이 드라이브가 다른 개체나 지역으로 확산될 가능성도 있다. 또 유전자 드라이브로 인해 특정 지역에서 특정 개체가 사라지게 되는 경우, 그리고 이것이 전체 환경에 미칠 영향에 대해서도 고려해 봐야 한다.

유전자 드라이브는 특정 개체의 미래를 완전히 바꿀 수 있다는 점에서 윤리적 논란도 안고 있다. 2016년 미국 한림원은 「곧 다가올 유전자 드라이브Gene drive on the Horizon」이라는 보고서에서 유전자 드라이브에 대한 제한적인 연구는 지속되어야 하지만, 실제 적용은 시기상조라는 의견을 냈다.

말라리아 모기 퇴치에 앞장서 온 빌 게이츠 역시 비슷한 입장이다. 유전자 드라이브 기술을 이용한 모기 퇴치 연구가 윤리적 논란 때문에 저해돼서는 안 된다고 주장했다. 그는 2018년 4월 런던에서 열린 말라리아 정상회담에서, 유전자 교정 기술이 합법성 논란을 불러일으키기는 하지만, 이 때문에 유전자 가위나 유전자 드라이브와 같은 도구를 개발하려는 노력이 위험에 처해서는 안 된다고 강조했다.

이런 논란에도 2022년 2월 영국의 한 연구진은 실제로 사하라 사막에 유전자 드라이브로 불임이 된 모기들을 풀어준 바 있고, 세계모기프로그램이라는 단체에서는 2024년부터 10년간 브라질에 불임모기를 풀어둘 것이라고 발표한 바 있다. 여러 연구가 뒤에 이어져야 하겠지만, 이미 2017년에 인도네시아에서 뎅기열 발생을 77%나 줄인 경험이 있기에 이를 긍정적으로 보는 시각도 존재한다.

한편 말라리아를 퇴치하기 위한 다른 노력 중에는 말라리아병을 예방하는 백신이 있다. 이미 병이 발병한 후 이를 치료하는 치료제나, 말라리아의 원흉인 모기의 번식을 막는 유전자 드라이브 기술과는 또 다른 접근이다. 말라리아가 매년 40만 명이 넘는 인명을 앗아간다는 점에서 백신 개발은 치료제 개발만큼이나 중요한 이슈다.

최근 한 영국 연구팀은 서로 다른 방식의 2개 백신을 혼합해 동물 실험을 시행했다. 그들은 이 실험을 통해 90%의 예방 효과를 확인했다. 이 백신이 작용하는 방식을 이해하기 위해서는 먼저 말라리아 기생충의 생활사life cycle를 이해할 필요가 있다.

말라리아 기생충은 모기와 인간을 오가며 생활한다. 사람의 혈액에 있던 말라리아 기생충은 사람의 간에 침입한 이후 혈액을 타고 다시 적혈구에 침입한다. 이 상태에서 사람이 다시 말라리아 모기에 물려 모기에 피가 빨리면 말라리아 기생충은 모기를 감염시킨다. 그리고 이 모기가 또 다른 사람을 물게 됨으로써 생활사가 시작된다.

말라리아 기생충이 '모기에서 사람에게' 감염되는 것을 차단하는 방식의 백신을 'Pre-Erythrocytic Vaccine', 즉 PEV라고 부른다. 이와 반대로 말라리아 기생충이 감염된 '사람으로부터 모기에게' 옮겨지는 것을 억제하는 방식의 백신을 'Transmission-Blocking Vaccine', 즉 TBV라고 부른다.

지난 2015년 유럽에서 승인된 세계 최초의 말라리아 백신은 PEV 방식의 백신이다. 이 백신이 예방 효과가 없는 것은 아니지만, 문제는 효율이 50%를 넘지 못한다는 점이다. TBV 방식의 백신은 현재 임상시험 초기 단계에 있다. 그런데 흥미롭게도 2개의 백신을 혼합해 접종하면 예방 효과가 90%로 늘어난다는 사실이 밝혀졌다. 영국 임페리얼 칼리지 런던 연구팀이 2018년 6월 이 같은 내용의 연구결과를 발표했다.

연구팀은 TBV 백신이 모기의 침샘에 있는 기생충의 수를 줄여, PEV 백신의 효과를 높이는 것으로 추정했다. 물론 이 실험 결과는 동물실험 데이터이기 때문에 실제 상용화가 되기까지는 인체 임상시험 등 아직 가야 할 길이 멀다. 하지만 말라리아 백신의 효과가 50%에 머무는 상황에서 90%의 예방 효과는 백신 개발 성공의 기대감을 높이고 있는 것이 사실이다. 전문가들은 말라리아 기생충이 모기와 사람 모두에 기생하는 특징 때문에 이 두 곳의 숙주를 모두 공략하는 전략이 예방 효과를 극대화하는 것으로 풀이하고 있다.

2023년 4월, 가나에서는 예방 효과 75%에 이르는 영국 옥스포드대 개발 말라리아 백신의 사용을 승인했다. 저렴한 금액에 대량 공급이 가능한 백신으로, 아프리카 지역의 말라리아 발병률을 유의미하게 낮춰줄 것으로 기대되고 있다. 앞으로 더 유용한 백신이 개발된다면, 말라리아와 작별하는 날이 곧 다가올지도 모르겠다.

13. 독감

변신의 귀재 독감 바이러스

독감은 흔히 독한 감기로 알고 있지만, 사실 감기와는 전혀 다른 질병이다. 독감과 감기는 모두 바이러스에 의해 발생하는 질병이라는 점에서는 공통점이 있다. 하지만 독감과 감기는 그 원인이 되는 바이러스가 서로 다르다.

감기의 경우엔 주로 리노 바이러스Rhino virus, 아데노 바이러스Adeno virus, 코로나 바이러스Corona virus 등이 병을 일으킨다. 하지만 독감 바이러스는 인플루엔자 바이러스Influenza virus에 의해서만 병에 걸린다. 인플루엔자 바이러스가 병을 일으키는 유일한 바이러스인 것이다. 인플루엔자influenza를 줄여서 독감을 흔히 '플루flu'라고도 부른다.

스페인 독감 당시의 미국 병동 / ⓒNational Museum of Health & Medicine

독감과 감기는 치료 방법도 사뭇 다르다. 감기는 잘 먹고 잘 쉬면 보통 2주 정도가 지나 자연적으로 치유된다. 그렇기 때문에 실제로 감기를 치료하는 약은 없다. 잘 쉬기만 해도 낫는다는 점에서 제약사들이 굳이 약을 개발할 필요성을 못 느끼기 때문이다.

반면 독감의 경우를 살펴보자. 감기와 달리 독감은 제때 치료를 받지 못하거나 미리 예방 백신을 접종하지 않으면 심할 경우 사망에까지 이른다. 그만큼 독감 바이러스가 독하다는 뜻이다. 지난 100년 동안 수 차례의 독감 대유행이 인류를 강타했는데, 그 첫 번째는 1918년에 발생한 스페인 독감이다. 스페인 독감으로 인해 전 세계적으로 2년 동안 약 5천만 명이 사망한 것으로 알려졌다. 이는 당시 세계 인구의 약 3%에 해당하는 수치로, 흑사병 이후 인류 최대의 재앙 가운데 하나로 꼽힌다.

스페인 독감의 원인은 꽤 오랫동안 밝혀지지 않았으나 지난 2005년 미국 연구팀이 이를 규명했다. 연구팀은 알래스카 얼음 속 시신에서 독감 바이러스를 분리했는데, 독감 바이러스 A형 중 H1N1이 스페인 독감의 원인임을 확인할 수 있었다.

이후 1957년 아시아 독감이 인류를 강타했다. 200만 명의 사망자를 낸 아시아 독감의 원인 바이러스는 H2N2였다. 1968년 100만 명의 사망자를 낸 홍콩 독감의 경우는 H3N2 바이러스였다. 그리고 2009년, 신종플루 대유행으로 H1N1 바이러스가 재등장했다.

이때 등장한 H1N1 독감 바이러스는 1918년 스페인 독감을 일으켰던 H1N1 바이러스와 같은 서브 타입(아형)에 속하지만, 바이러스의 기원이 다르다. 스페인 독감은 조류가 감염되는 독감 바이러스가 사람에게 옮겨져 발생한 경우였고, 신종플루는 돼지에서 유래한 독감 바이러스가 사람에게 감염된 사례였다. 그래서 2009년의 신종플루를 돼지swine 독감이라고도 부른다.

그런데 H1N1, H2N2, 이 암호 같은 숫자들이 바로 독감 바이러스 치료를 어렵게 만드는 주요 요인이다. 독감 바이러스는 크게 A형과 B형으로 나뉜다. A형 바이러스의 경우 독감의 아형에 따라 H1N1과 같이 표현한다. H와 N은 각각 헤마글루티닌Hemagglutinin과 뉴라미니데이즈Neuraminidase의 약자이다. 줄여서 HA, NA라고 표기하는

데, 이들은 모두 바이러스 껍질 표면에 있는 단백질을 지칭한다. 바이러스는 일반 세포와 달리, 바이러스 DNA와, 이 DNA를 감싸고 있는 껍데기 단백질로 구성되어 있다. HA는 바이러스가 인체 세포에 감염할 때 중요한 역할을 하고, NA는 반대로 인체에 감염한 독감 바이러스가 세포 내에서 증식한 뒤 세포를 뚫고 나올 때 중요한 역할을 한다. 이 H와 N의 종류가 각각 18개와 11개로 보고됐다.

H1N1이라는 뜻은 H1과 N1을 가진 독감 바이러스 A형이라는 의미다. 이론적으로는 18X11=198개의 A형 바이러스 조합이 가능하다. 그만큼 A형 바이러스의 서브 타입이 많다는 뜻이다. 심지어 스페인 독감의 H1N1과 돼지 독감의 H1N1은 같은 아형이지만 100% 같지는 않다. 쉽게 말해 2009년 돼지 독감은 스페인 독감의 돌연변이라고 볼 수 있다.

이처럼 독감 바이러스는 그 종류도 많지만, 한 독감 바이러스의 아형만 하더라도 유전자 돌연변이가 잦아 독감 치료제 개발을 힘들게 한다. 독감 바이러스는 특히 돌연변이를 잘 일으키는데, 그 이유 가운데 하나는 독감 바이러스의 게놈이 RNA이기 때문이다. RNA는 DNA보다 분자 구조적으로 불안정하다. 이 말은 곧 RNA를 게놈으로 가지는 바이러스는 DNA를 게놈으로 가진 바이러스보다 돌연변이를 더 잘 일으킨다는 의미다.

또한 DNA는 자체 에러를 복구하는 시스템이 잘 갖추어졌지만, RNA의 경우엔 그렇지 못하다. 이 또한 RNA가 돌연변이가 잘 일어나는 요인으로 작용한다. 그렇다면 이처럼 개발이 힘든 독감 바이러스의 치료제로는 어떤 것들이 있을까?

독감 치료제…알고 보니 원료는 향신료?

독감 바이러스를 인플루엔자 바이러스, 줄여서 플루라고 부른다고 앞에서 설명했다. 그래서일까? 독감 바이러스 치료제의 이름에도 플루가 포함돼 있다. 우리가 익히 알고 있는 '타미플루tamiflu'이다. 타미플루를 이해하기 위해서는 3가지 키워드를 알아야 하는데, 김정은 박사와 팔각회향, 그리고 NA이다.

먼저 김정은 박사부터 살펴보자. 1943년생인 김정은 박사는 한국계 일본인으로 타미플루 개발의 주역이다. 일본에서 태어나 동경대를 졸업한 김 박사는 미국 오리건 대학에서 박사 학위를 취득했다. 이후 미국에서 연구원 생활을 하던 김 박사는 1994년 길리어드 사이언스Giliard science라는 바이오 벤처 회사로 이직한다. 당시로는 보잘것없던 길리어드 사이언스는 김 박사의 합류 이후 1년 반 만에 대박을 터뜨린다. 바로 김 박사의 주도 아래 연 매출 수조 원에 달하는 독감 치료제 '타미플루'를 개발했기 때문이다.

1997년 길리어드 사이언스는 계약금 5억 달러와 이에 더해 판매대금의 22%를 로열티로 받는 조건으로 스위스 다국적 제약회사 로슈Roche에 타미플루 판매권을 넘겼다. 길리어드 사이언스는 타미플루 하나만으로 1년에 수조 원에 달하는 돈을 벌어들였고, 이를 발판으로 지금은 세계적인 바이오 기업으로 우뚝 섰다. 이처럼 타미플루는 잘 만든 신약 하나가 어떻게 업계 판도를 변화시킬 수 있는지를 보여주는 대표적인 사례다.

두 번째 키워드인 팔각회향으로 넘어가 보자. 팔각회향은 오래 전부터 중국에서 활용된 향신료이다. 타미플루는 향신료인 팔각회향을 원료로 만든다. 타미플루는 애초 인플루엔자 바이러스의 NA에 딱 들어맞는 분자 구조를 컴퓨터 시뮬레이션으로 설계한 뒤, 그 물질을 찾는 방식으로 개발된 약이다. 그런데 '시키믹산shikimic acid'이라는 물질이 바로 그 분자 구조에 적합한 물질이었던 것이다. 실제로 시키믹산 자체를 이용하는 것이 아니라 화학반응을 거쳐 얻게 된 최종 산물을 타미플루라 한다. 분자 구조에 들어맞는다는 말은 바이러스 NA에 착 달라붙어 NA가 제 기능을 하지 못하도록 붕괴시킨다는 뜻이다. 바이러스 NA가 자물쇠고, 시키믹산이 열쇠라고 가정해보자. 열쇠로 자물쇠를 잠가 더는 기능을 못하게 한다고 생각하면 이해가 쉽다.

흥미롭게도 시키믹산은 팔각회향에 많이 포함됐다. 그래서 팔각회향에서 시키믹산을 추출한 뒤, 여러 단계의 화학반응을 거쳐 타미플루를 만든 것이다. 팔각회향이나 시키믹산이 타미플루의 재료로 쓰인다는 점에서 이들 물질이 언뜻 독감에 효과가 있는 것처럼 보일 수도 있지만, 사실상 팔각회향이나 시키믹산은 독감 치료와 전혀 상관이 없는 물질이다. 팔각회향은 향이 강하고 매워 향신료로는 쓰이지만, 한방에서도 약으로 쓰이지는 않는다. 시키믹산 역시 재료 물질에 불과할 뿐 독감 치료 효능은 없다. 하지만 이 시키믹산에 조금만 변형을 가하면 바이러스 NA에 딱 들어맞는 물질을 만들 수 있어 원료로 쓰이는 것이다.

이제 마지막 키워드인 NA로 넘어가 보자. 앞서 NA는 독감 바이러스가 인체 세포에 감염한 뒤 세포를 깨고 나갈 때 중요한 역할을 한다고 설명했다. 타미플루는 바로 이 NA의 역할을 억제한다. 독감 바이러스가 다른 세포를 감염하지 못하도록 막는 것이다. 독감 바이러스가 처음 인체 세포에 들어올 때는 HA가 중요한 역할을 한다고 했다. HA는 인체 세포 표면에 있는 특정 수용체와 결합한다. 그러면 마치 열쇠와 자물쇠처럼 인체 세포의 문을 열고 독감 바이러스가 세포 안으로 들어간다.

이후 세포 안에서 증식을 거쳐 수를 늘린 독감 바이러스는 세포 밖으로 나간다. 세포 밖으로 나가는 과정에서 독감 바이러스는 들어올 때와 마찬가지로 인간 세포 수용체와 바이러스의 HA가 우선적으로 결합한다. NA는 바로 이 결합을 끊어주는 역할을 한다. 그러면 비로소 독감 바이러스는 인체 세포로부터 완전히 분리된다. 타미플루가 이 역할을 막음으로써 바이러스가 세포 밖으로 나가지 못하게 된다.

타미플루는 2005년 동남아시아에서 유행했던 조류 인플루엔자 H5N1에도 사용됐다. 이 조류 인플루엔자 유행이 혹시나 인간에게 감염될 위험에 대비하기 위해 영국과 캐나다, 이스라엘, 미국과 호주 등이 타미플루를 비축하기 시작했는데, 이에 따라 타미플루 생산량을 전 세계적으로 늘려야 한다는 주장이 제기됐다. 타미플루는 로슈가 독점적으로 생산하고 있었는데 로슈의 생산량만으로는 부족할 수 있다는 것이다.

이로 인해 전 세계적으로 지적재산권자의 허락 없이 강제로 특허를 사용할 수 있도록 하는, 특허의 배타적 권리인 일명 '강제실시권'을 부여해야 한다는 압력이 거세게 일었다. 흥미롭게도 로슈의 타미플루 특허권은 태국과 필리핀, 인도네시아 등에서는 인정되지 않았는데, 이들 국가에서 특허를 허용하지 않았기 때문이다.

최초로 타미플루 복제약을 만든 나라는 의외로 인도였다. 약의 이름은 '안티플루antiflu'로, 세계보건기구인 WHO로부터 안티플루가 타미플루만큼 효과가 있다는 점을 인증받았다.

타미플루 외에도 몇 가지 독감 바이러스 치료제가 존재하지만, 독감 바이러스 A형과 B형 모두를 공략하는 것으로는 타미플루가 유일하다. 타미플루는 사실상 독감 치료제 시장의 95% 이상을 장악하고 있는 명실상부한 최강자이다. 하지만 타미플루가 시장에 등장한 지 10여 년이 지나면서 이제는 타미플루에도 내성을 띠는 독감 바이러스가 나타나기 시작했다. 이에 따라 새로운 독감 치료제 개발의 필요성이 제기되고 있다.

새 독감 치료제 & 범용 독감 백신

독감 바이러스가 인류에게 위협이 되는 것은 독감 바이러스의 아형이 많다는 이유도 있지만, 이 바이러스가 쉽게 유전자 돌연변이를 일으킬 수 있기 때문이다. 유전자 돌연변이는 새로운 변종 바이러스를 양산하기도 하지만, 기존 치료제를 무력화하는 약물 내성 문제를 일으키는 직접적인 요인이다.

처음에 신약이 개발되면 바이러스 입장에서는 이전에는 없던 새로운 공격 무기가 등장한 셈이 된다. 그래서 생존을 위해 바이러스 입장에선 방어 전략을 짜야 하는데, 그 방어 전략의 핵심이 유전자 돌연변이를 일으켜 약물의 약효를 무력화하는 것이다.

앞서 말했듯 바이러스는 인간 세포보다 상대적으로 유전자 돌연변이를 쉽게 일으킬 수 있다. 하지만 유전자 변이를 일으키기 위해서는 일정 시간이 필요하다. 이런 이유 등으로 약에 따라, 또 그 약을 얼마나 자주 사용했는지에 따라 내성이 일어나는 정도가 다르다. 타미플루의 경우도 내성 독감 바이러스가 등장하면서, 이를 대체할 새로운 독감 치료제 개발의 필요성이 제기되고 있다.

이런 가운데 최근 일본에서는 새로운 방식의 독감 치료제가 판매 승인을 받았다. 이 치료제의 핵심은 독감 바이러스의 복제를 억제한다는 점이다. 독감 바이러스의 생활사를 잠깐 살펴보면, 인체 세포에 침입한 독감 바이러스는 세포 내에서 자신의 게놈을 복제한다. 바이러스의 수를 늘리기 위해서다. 이후 숫자를 불린 바이러스는 세포에서 나와 다른 인간 세포에 감염한다. 타미플루는 바이러스가 세포에 나오는 이 마지막 단계를 차단하는 원리다.

그러나 새로 개발된 독감 치료제는 전 단계인 바이러스 게놈 복제를 차단한다. 이 치료제는 타미플루와는 전혀 다른 방식으로 작용한다는 점에서 타미플루 내성 독감 바이러스뿐만 아니라 새로운 변종 독감 바이러스에도 효과가 있을 것으로 기대되고 있다.

독감 치료제는 질병에 걸린 환자를 치료한다는 점에서 질병을 예방하는 백신과는 다르다. 스페인 독감이나 신종플루 등 독감이 대유행할 때 치료제만으로 독감을 제압하는 것은 사실상 힘들다. 이 같은 이유로 백신이 필요한 것이다. 그래서 해마다 환절기가 되면 독감 백신을 접종해야 한다는 뉴스를 종종 볼 수 있다. 그런데 백신을 접종받고도 독감에 걸렸다는 뉴스 역시 심심치 않게 들린다. 독감을 예방하기 위해 백신을 맞는 것인데, 이게 소용이 없다니 도대체 왜 그런 것일까?

독감 바이러스는 그 아형이 많아 사실 어떤 독감 바이러스가 그해 유행할지 예측하는 것이 극히 힘들다. WHO는 매년 그해 초 유행할 독감 바이러스를 예측해 발표한다. 보통 A형 독감 바이러스 2종류와 B형 바이러스 1종류를 발표한다. 예를 들어 A형 H1N1과 H3N2, B형 빅토리아 이런 식이다. 그러면 백신 제조사들이 그에 따라 독감 백신을 제조하는 것이다. A형 독감은 198가지의 아형이 존재하는 반면, B형 독감의 아형은 빅토리아와 야마가타 두 종류뿐이다.

백신은 보통 3가 백신을 접종받는데, 여기서 말하는 3가라는 것은 3가지 독감 바이러스에 대한 백신을 의미한다. 앞서 설명한 WHO의 예측대로 백신이 만들어졌다면 A형 H1N1과 H3N2, 그리고 B형 빅토리아에 대한 백신을 백신 제조사들이 만들고, 그 백신을 접종한다는 뜻이다.

실제로 WHO가 예측한 독감 바이러스가 유행하면 백신의 효과가 있겠지만, WHO가 예측한 독감 바이러스가 아닌 바이러스가 출현할 경우 백신은 무용지물이 된다. 예를 들어 실제로 A형 H1N1과 H3N2가 유행했지만, B형에서 야마가타가 유행했다면 백신 접종은 효과가 없는 것이다. 이에 따라 3가 백신에 B형 백신을 하나 더 추가하는 4가 백신에 대한 필요성이 꾸준히 제기되고 있다. 이렇게 되면 A형 바이러스 2개와 B형 바이러스 모두를 잡는 독감 접종이 가능해진다. 앞서 설명한 사례처럼 B형 바이러스에 대한 예측 실패를 원천적으로 차단할 수 있다는 이야기이다.

WHO도 독감 바이러스 대유행을 예방하기 위해 4가 백신 접종을 권장한다. 그런데 여기에 한 가지 현실적인 문제가 있다. 현재 독감 바이러스에 대한 국가 무료 접종은 3가에만 해당한다. 그래서 4가 백신에 대해서도 무료 접종을 확대해야 한다는 의견이 제기되고 있다.

4가 백신이 3가 백신보다도 더 효과가 좋은 것은 사실이지만, 그렇다고 해서 모든 독감 바이러스를 아우르는 것은 아니다. 여전히 그해 유행할 독감 백신 예측과 실제 백신 제작은 일치하지 않을 수 있다. 이에 따라 독감 바이러스의 종류에 상관없이 적용할 수 있는 이른바 '범용 백신universal vaccine'에 대한 필요성이 제기됐다.

일명 꿈의 백신이라고 불리는 범용 백신의 원리는 이렇다. 우리가 백신을 제조할 때는 병을 일으키는 바이러스의 특정 단백질을 활용한다. 이런 단백질을 항원이라고 부른다. 항원 단백질을 우리 몸에 접종하면 우리 몸에서는 이를 외부의 적으로 인지하고 이를 공격하는 항체를 생성한다. 이게 백신의 작용 원리이다.

지금까지는 바이러스의 항원 부분을 주로 HA의 일부분을 활용했는데, 이 부분은 돌연변이가 자주 일어난다는 단점이 있다. HA 일부를 항원 단백질로 활용해 백신을 만들었는데, 이 부분에 돌연변이가 일어난 독감 바이러스가 생기면 이 백신은 더는 효능이 없게 된다.

그래서 과학자들이 생각해 낸 아이디어가 HA 중에서 돌연변이가 잘 일어나지 않는 부위를 항원으로 쓰자는 것이다. HA 구조는 Y자 모양처럼 생겼는데, 윗부분이 주로 돌연변이가 잘 일어나는 부위다. 이를 머리라고 부르는데 통상 백신은 이 머리 부분을 활용했다. 그런데 머리 아래 부위는 상대적으로 돌연변이가 잘 일어나지 않는다. 이 부위를 몸통이라고 부르는데 이 부분을 항원으로 활용해 백신을 만드는 것이 범용 백신의 기본 원리다.

독감 바이러스가 유전자 돌연변이를 일으켜도 HA의 머리 부분이 바뀌지 몸통 부분은 바뀌지 않는다는 점에서 범용 백신은 이론적으로 모든 독감 바이러스에 적용할 수 있다. 현재 이를 활용하여 미국에서 개발이 진행되고 있지만, 아직 상용화되지는 않았다. 개발하기 어려운 측면도 있지만, 제약사 입장에서는 범용 백신이 그렇게 매력

적이지가 않다. 여러 종류의 바이러스에 대한 백신을 매년 만드는 것이, 한 가지 백신만 만드는 것보다 더 큰돈을 벌 수 있다는 장점 때문이다. 그럼에도 범용 백신이 상용화되어야 하는 이유는 앞서 설명했지만, 4가 독감 백신을 접종한다고 해서 모든 독감 바이러스를 예방할 수 없기 때문이다. 독감 바이러스가 대유행할 경우 걷잡을 수 없이 번지며 수많은 인명 피해를 낳는다는 점에서 이를 막을 수 있는 유일한 방법은 사실상 범용 백신 외에는 없다.

14. 감염병 X

전대미문의 감염병과 그 이후

2019년 말부터 2023년 5월까지 인류는 전대미문의 감염병 유행을 겪었다. 바로 코로나19 팬데믹이다. 코로나19 팬데믹 초기 대부분 사람은 이 감염병이 조기에 종식될 것으로 예측했다. 앞서 발병했던 사스나 메르스 감염병이 길지 않은 기간에 종식되거나 풍토병이 되었기 때문이다. 하지만 이 같은 예측은 보기 좋게 빗나갔다. 코로나19가 예상보다 오랜 기간 유행한 데에는 몇 가지 이유가 있다.

첫째, 코로나19는 신종 감염병으로 이전에는 없었던 질환이다. 이 때문에 이 질병에 대한 치료제나 백신이 있을 리 만무했다. 즉, 인류가 코로나19 감염병에 대항할 수 있는 가장 강력한 의학적 수단이 전혀 없었다는 얘기다. 둘째, 코로나19 바이러스는 돌연변이를 자주 일으키는 특성이 있다. 이는 바꿔 말해 인류가 코로나19 바이러스에 대한 백신이나 치료제를 개발해도 바이러스가 이에 내성을 띠는 돌연변이를 쉽게 일으킬 수 있다는 의미다.

이런 이유로 인류는 이전에는 없었던 질병에 대한 백신과 치료제를 개발하기 위해 일정 시간이 필요했으며, 바이러스의 빠른 돌연변이에 대응하기 위해 기존보다 더 빨리 백신을 만들 수 있는 새로운 기술이 요구됐다. 코로나19와 같은 대유행은 두 번 다시 발생하면 안 되겠지만, 역설적으로 코로나19 대유행의 백신 분야에서 기념비적인 진보를 낳기도 했다.

mRNA 백신의 등장

코로나19 대유행에서 대부분 사람은 백신을 한번쯤은 접종했을 것이다. 그리고 대부분 사람이 맞은 백신은 mRNA 방식의 백신이다. mRNA 방식의 백신이 무엇인지를 설명하기에 앞서 백신의 원리부터 간략히 살펴보자. 백신의 원리는 바이러스 일부를 우리 몸에 미리 주입해 바이러스에 대한 항체를 만들어 뒀다가, 실제 바이러스에 감염되면 이 항체와 인체 면역계가 바이러스를 공격하도록 하는 것이다. 바이러스 일부를 어떤 형태로 주입하느냐에 따라 바이러스 벡터 백신, mRNA 백신, 재조합 단백질 백신 등으로 구분할 수 있다.

바이러스 벡터 백신은 바이러스 일부를 DNA 형태로 우리 몸에 주입한다. 누차 설명했듯이 DNA는 그 자체만 주입한다고 우리 몸의 세포 안으로 전달되지 않는다. 이를 전달하는 전달체로 아데노 연관 바이러스와 같은 인체에 해가 없는 바이러스를 이용하며 이를 벡터라고 부른다고 설명했다. 바로 이 벡터가 바이러스 벡터 백신에도 사용된다. 코로나19의 경우 아스트라제네카에서 아데노 바이러스를 벡터로 활용하는 바이러스 벡터를 개발했다.

아스트라제네카의 바이러스 벡터 백신은 코로나19 백신으로는 가장 먼저 상용화됐다. 이에 따라 코로나19 대유행 초기 많은 사람이 이 백신을 접종했다. 다른 백신이 없었기 때문이다. 하지만 이 백신을 접종한 사람들에게서 사지마비와 같은 심각한 부작용이 보고되었다. 처음엔 그 원인이 무엇인지 정확히 몰랐지만, 시간이 지나면서 과학자들은 바이러스 벡터에 주목하기 시작했다. 아스트라제네카의 코로나19 백신은 아데노 바이러스를 벡터로 이용했는데, 우리 몸의 면역계는 코로나19 바이러스에 대한 항체뿐만 아니라 바이러스 벡터 자체에 대한 항체도 생산한다. 그런데 이렇게 생성된 항체가 필요 이상의 면역 반응을 일으켜 부작용으로 이어진다는 게 과학자들의 추정이다. 아스트라제네카 백신은 세계 최초의 코로나19 백신이라는 타이틀에도 불구하고 심각한 부작용으로 인해 점차 사용되지 않게 되었다.

바이러스 벡터 방식의 백신 이후 상용화된 코로나19 백신이 mRNA 방식의 백신이다. mRNA 방식의 백신은 바이러스 일부를 mRNA 형태로 우리 몸에 주입한다. 우리 몸에는 RNase라는 RNA를 분해하는 효

소가 존재한다. 따라서 mRNA 자체만 우리 몸에 주입하면 금세 분해
돼 없어진다. 이를 막기 위해 과학자들은 지질 나노입자로 바이러스
의 mRNA를 감쌌다. 지질 나노입자는 바이러스의 mRNA를 보호하는
역할도 하지만, 이 mRNA를 세포 안으로 전달하는 역할도 한다.

mRNA 방식의 백신은 코로나19를 계기로 세계 최초로 개발됐는데,
바이러스 벡터 방식의 백신보다 상대적으로 부작용이 덜했다. mRNA
방식의 백신 이후 마지막으로 상용화된 코로나19 백신이 재조합 단
백질 방식의 백신이다. 재조합 단백질 백신은 바이러스 일부를 단백
질 형태로 우리 몸에 주입한다. 이 방식의 백신은 이미 오래 전부터
인류가 사용해 온 백신으로 안전성이 충분히 검증됐다. 이 말은 앞서
기술한 바이러스 벡터 백신이나 mRNA 백신보다 재조합 단백질 백신
이 상대적으로 부작용이 덜하다는 얘기다.

안전한 재조합 단백질 백신은 왜 늦게 상용화되었나

그런데 이 지점에서 한 가지 의문이 든다. 안전성이 상대적으로 가
장 높고 이미 인류가 사용해온 재조합 단백질 방식의 백신이 왜 가
장 늦게 상용화됐느냐는 것이다. 바이러스 벡터 백신과 mRNA 백신
은 백신 물질로 DNA나 mRNA를 이용한다. DNA나 mRNA는 유전자
염기서열만 알면 쉽게 만들 수 있다. 반면 재조합 단백질 백신은 단
백질을 백신 물질로 이용하는데, 유전자 염기서열을 알고 있다고 바
로 만들 수가 없다. 유전자 염기서열을 세포에 입력해줘야 비로소 세

포가 단백질을 만들기 때문이다. 이는 바꿔 말해 재조합 단백질 방식 백신의 제조 과정이 바이러스 벡터나 mRNA 백신보다 길고 복잡하다는 의미다. 이런 이유로 재조합 단백질 백신은 다른 방식의 백신보다 뒤늦게 상용화됐다.

코로나19를 계기로 세계 최초로 상용화된 mRNA 방식의 백신이 바이러스 벡터 백신보다는 부작용이 덜 하지만, 그렇다고 부작용이 아예 없는 것은 아니다. 엄밀히 말하면 mRNA 백신의 부작용이 무엇인지 또 그 원인이 무엇인지는 아직 정확하게 알 수 없는 단계이다. 상용화되어 접종한 지 기껏해야 2~3년이라 충분히 연구되지 못했기 때문이다. 따라서 mRNA 백신은 부작용 연구가 앞으로 더 진행돼야 하며, 이를 통해 부작용을 더 줄이는 방식으로 진화돼야 한다. 적어도 재조합 단백질 백신만큼의 안전성을 확보해야 할 것이다.

이 같은 숙제가 남겨져 있음에도 mRNA 백신은 백신 시장의 판도를 바꿀 차세대 백신으로 주목받고 있다. 그 이유는 mRNA 백신이 빠른 제조가 가능하기 때문이다. 바이러스 벡터 백신이든 mRNA 백신이든 재조합 단백질 백신이든 일단 백신이 상용화되면, 바이러스는 백신을 무력화하기 위해 돌연변이를 일으키기 시작한다. 바이러스 돌연변이는 무작위적으로 일어나며, 이 가운데 백신에 내성을 띠는 돌연변이가 최종적으로 살아남고 우세종이 된다. 이런 상황에서는 기존 백신은 접종해도 큰 효과를 기대할 수가 없다. 때문에 돌연변이에 대응하는 새로운 백신이 요구된다. mRNA 백신은 돌연변이 바이러스의 유전자 염기서열만 안다면 빠르게 만들 수 있다. 기존의 백신에 유전자 염기서열만 갈아 끼면 되기 때문이다.

실제 코로나19 대유행에서 변이가 출현했을 때 과학자들은 mRNA 방식의 변이 대응 백신을 개발해냈다. 돌연변이 바이러스에 대응하는 백신을 발 빠르게 개발할 수 있다는 것은 한 발 더 나가면 앞으로 유행할 수 있는 신종 바이러스에 대한 백신도 빠른 시일 안에 만들 수 있다는 의미이다. 미래에 유행할 수 있는 신종 감염병을 '감염병 X'라고 했을 때 적어도 인류는 이에 대응할 수 있는 기본적인 무기를 가진 것이다.

Epilogue

분자생물학을 처음 접한 건 복학 후 전공수업에서였다. 당시 무척이나 어려운 과목으로 알려졌지만, 분자라는 단어와 생물학의 결합이 묘하게 매력적으로 다가왔다. 재학시절에도 그랬고 지금도 그렇지만 유전자는 바이오 연구의 핵심이다.

그런데 최근 놀랄 일이 벌어지고 있다. 학교에서 배운 유전자는 질병을 일으키는 원인이었지, 질병을 치료하는 치료 물질 자체는 아니었다. 그런데 유전자를 치료에 활용하는 세상에 살고 있다니 말이다. 여기에 더해 한 가지 더 놀랄 일은, 생명 현상이 벌어지는 기본 공간인 '세포' 역시 현재 치료 물질로 활용되고 있다는 것이다. 유레카Eureka!

유전자 치료제와 세포 치료제의 등장은 이전에는 상상할 수 없었던 혁신적인 질병 치료의 서막을 예고하고 있다. 이 지점에서 질병 치료의 패러다임이 바뀌고 있고 바로 그런 이유로 인류는 질병 정복에 한 발짝 더 나아가고 있다고 필자는 판단한다.

이번 책에서 더 많은 질병을 다루지 못한 것은 끝내 아쉬움으로 남지만, 다음 책에서 못다 한 이야기를 할 것을 독자들께 약속드리며, 끝으로 책을 내는 데 도움을 준 많은 분들께 깊이 감사드린다.

▶ 유전병

- Andrew Fire et al Nature 19 Feb 1998
- Chul-Yong Park et al Cell Stem Cell 06 Aug 2015
- David Adams et al NEJM 5 July 2018
- Evgeny I. Rogaev et al Science 06 Nov 2009
- Jocelyn Kaiser Sciencemag news 15 Nov 2017
- N Chirmule et al Gene Therapy 14 Sep 1999
- Thomas Wechsler et al blood 03 Dec 2015

▶ Deep Inside. 진화의 원동력 유전자 돌연변이

- Shaohua Fan et al Science 7 Oct 2016

▶ Deep Inside. 유전자 가위 특허분쟁

- Feng Zhang et al Science 15 Feb 2013
- Jennifer A. Doudna et al Science 17 Aug 2012

▶ Deep Inside. 유전자 변형 생물 GMO

- Seralini GE et al Food Chem Toxicol 19 Sep 2012 retracted

- https://nas-sites.org/ge-crops/2016/05/16/report-in-brief
- https://www.scientificamerican.com/article/can-gene-editing-save-the-worlds-chocolate
- http://supportprecisionagriculture.org/nobel-laureate-gmo-letter_rjr.html

▶ 미토콘드리아 유전병

- F. Hukuyama Our Posthuman Future: Consequences of the Biotechnology Revolution Picador 2002
- Michelle Roberts BBC News online 27 Sep 2016
- P. Reddy et al Cell 23 Apr 2015

▶ Deep Inside. 유전자 분석 'Human Geonome Project'

- J. Craig Venter et al Science 16 Feb 2001

▶ Deep Inside. 유전자 합성 GP-Write

- Jef D. Boeke et al Science 8 Jul 2016

▶ 인공 생명체

- Jef boeke et al Science 10 Mar 2017
- Roy D Sleator Bioeng Bugs 24 May 2010
- Roy D. Sleator Bioengineered 25 Apr 2016

▶ 치매

- Amritpal Mudher et al Trends in Neurosciences 01 Jan 2002

- Arturo Alvarez-Buylla et al Nature 15 Mar 2018

- Dilan Athauda et al The Lancet 7 Oct 2017

- Elizabeth Gould et al Science 8 Sep 1999

- F Nottebohm et al PNAS 1 Apr 1983

- Jingjing Tai et al Brain Research 1 Jan 2018

- John Hardy et al Trends in Pharmacological Sciences Vol 12 1991

- Joseph. Altman et al Nature 10 Jun 1967

- Pasko Rakic et al Science 01 Feb 1974

- Sims-Robinson et al Nature Reviews Neurology 14 Sep 2010

- Takayuki Kondo et al Cell Reports 21 Nov 2017

▶ 파킨슨병

- Daniel J. Urban et al Ann Rew of Phamacolgoy and Toxicolgoy 25 Sep 2014

- Erika Pastrana et al Nature methode 20 Dec 2010

- Karl Deisseroth et al Nature neuroscience 14 Aug 2005

- Yuejun Chen et al Nature biotechnology 6 Feb 2015

- Yuejun Chen et al Cell Stem Cell 2 Jun 2016

- https://www.japantimes.co.jp/news/2018/11/09/national/science-health/kyoto-university-performs-worlds-first-ips-cell-transplant-parkinsons/#.W-lFbpMzaUk

- https://www.nice.org.uk/guidance/CG35

• https://www.nobelprize.org/prizes/medicine/2000/carlsson/facts/

• https://www.parkinsons.org.uk/information-and-support/
levodopahttps://www.parkinsons.org.uk/information-and-support/
levodopa

▶ **Deep Inside. 장내 미생물**

• Aubrey J Cunnington et al BMJ 23 Feb 2016

• Lisa F. Stinson et al frontiers in medicine 4 May 2018

• V. Gopalakrishnan et al 5 Jan 2018

▶ **흑색종**

• H. Fukuhara et al Cancer Science 3 Aug 2016

• James P.Allison et al 22 Mar 1996 Science

• T. Honjo et al EMBO 1 Nov 1992

• http://www.nobelprizemedicine.org/wp-content/uploads/2018/10/
Adv_info_2018.pdf

▶ **백혈병**

• Chia Yung Wu et al Science 16 Oct 2015

• Concetta Quintrarlli et al Blood 12 Jul 2007

• Erhao Zhang et al Jouranl of Hematolgoy & Oncology 26 Oct 2016

• Lisa Rosenbaum NEJM 4 Oct 2017

• Scott Wilkie et al Journal of Clinical Immunology Oct 2012

▶ **뇌종양**

- Jason Dang et al Cell Stem Cell 4 Aug 2016
- Robert A.Weingerg et al Cell 7 Jan 2000
- https://www.cancer.gov/news-events/cancer-currents-blog/2018/
  immunotherapy-glioblastoma
- https://www.nih.gov/news-events/news-releases/zika-virus-
  selectively-infects-kills-glioblastoma-cells-mice
- https://www.nytimes.com/2010/10/31/magazine/31Cancer-t.
  html?pagewanted=4&_r=1&

▶ Deep Inside. 암을 억제하는 이로운 유전자도 있다

- DE Koshland Jr Science 24 Dec 1993
- Sue Pearson et al Nature Biotechnology 2 Jan 2004

▶ Deep Inside. 오가노이드

- Momoko Watanabe et al Cell Reports 10 Oct 2017
- Patricia P. Garcez et al Science 14 Apr 2016

▶ Deep Inside. 류머티즘 관절염 파지 디스플레이

- GP Smith Science 14 Jun 1985
- Greg Winter et al Annual Reviews of Immunology Apr 1994

▶ 당뇨

- Dong Niu et al Science 14 Aug 2017
- Goeddel DV et al PNAS Jan 1979

- Jun Wu et al Cell 26 Jan 2017

- Magdalena Hryhorowicz et al Molecular Biotechnology 11 Jul 2017

▶ 비만

- Aroa J. Aranda et al Journal of Pineal Research 25 Sep 2013

- HaitaoPan et al Physiology & Behavior 10 May 2014

- L.H. Lumey et al Annnu Rev Public health 10 Dec 2011

- Maryam Ahmadian et al Cell Reports 13 Mar 2018

- Shaan Gupta et al Therap Adv Gastroenterol 9 Mar 2016

- Yuan Zhang et al American Journal of Physiology-Endocrinology and Metabolism 10 Aug 2016

▶ 노화

- Dan Ehninger et al Cell Mol Life Sci 12 Jul 2014

- David E Harrison et al 13 Apr Aging Cell

- Elizabeth H. Blackburn et al journal of Molecular Biology 25 Mar 1978

- Jan Vijg et al Nature 5 Oct 2016

- Julie A. Mattison et al Nature communicaton 17 Jan 2017

- Nir Barzilai et al 14 Jun Cell Metab

- https://www.nature.com/news/scientists-up-stakes-in-bet-on-whether-humans-will-live-to-150-1.20818

- https://www.technologyreview.com/s/603997/is-this-the-anti-aging-pill-weve-all-been-waiting-for/

▶ 후성유전

- Adrian Bird Nature 23 May 2007

- Kris Novak Medscape General Medicine 20 Dec 2004

▶ 에이즈

- Alexander Kwarteng et al AIDS Res Ther 421 Jul 2017

- Anjie Zhen et al PLOS pathogens 28 Dec 2017

- F Barre-Sinoussi et al Science 20 May 1983

- Matthew D. Marsden et al PLOS pathogens 21 Sep 2017

- Sharon R. Lewin Nature 03 Oct 2018

- Youry Kim et al Cell Host & Microbe 01 Jan 2018

- https://aidsinfo.nih.gov/news/493/attacking-aids-with-a-cocktail-therapy--drug-combo-sends-deaths-plummeting

▶ 말라리아

- Xin-zhuan Su et al Sci China Life Sci Nov 2015

- Nidhi Subbaraman Natrue biotechnology 10 Jan 2011

- Kyros Kyrou et al Nature biotechology 24 Sep 2018

- https://www.ncbi.nlm.nih.gov/pubmed/27536751

- Ellie Sherrard-Smith et al eLife 19 Jun 2018

▶ 독감

- https://www.gilead.com

- https://timesofindia.indiatimes.com/Business/India-Business/ Ciplas-anti-flu- • drug-gets-nod/articleshow/4526891.cms
- Frederick G. Hayden et al NEJM 6 Sep 2018
- https://www.niaid.nih.gov/diseases-conditions/universal-influenza- vaccine-research

과학전문기자의 최신 의료 기술 트렌드

질병 정복의 꿈, 바이오 사이언스

개정판 1쇄 인쇄 2023년 12월 19일
개정판 2쇄 발행 2024년 04월 15일

지은이	이성규
펴낸곳	(주)엠아이디미디어
펴낸이	최종현
기획	김동출
편집	최종현
마케팅	유정훈
디자인	박명원

주소	서울특별시 마포구 신촌로 162, 1202호
전화	(02) 704-3448
팩스	(02) 6351-3448
이메일	mid@bookmind.com
홈페이지	www.bookmind.com

© 2023 이성규
ISBN 979-11-90116-98-5 (03470)

※ 이 도서는 한국출판문화산업진흥원의출판콘텐츠 창작 자금 지원 사업의 일환으로 국민체
   육진흥기금을 지원받아 제작되었습니다.
※ 책값은 표지 뒤쪽에 있습니다. 파본은 구매처에서 바꾸어 드립니다.